基础学科拔尖学生培养基地化学系列教材

Chemistry Experiments of
Coordination Supramolecular Cages

配位超分子笼化学实验

苏成勇　潘　梅　主编

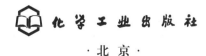

化学工业出版社

·北京·

内 容 简 介

《配位超分子笼化学实验》是基础学科拔尖学生培养基地化学系列教材之一。

配位超分子笼是由金属离子和有机配体通过配位作用驱动的自组装过程构造的一类具有规则外形、特定尺寸和内部空腔的超分子配合物,在催化、分离、输运、诊疗、光电等不同领域具有独特的性能和应用。本实验教材基于编者课题组系统性的配位超分子笼研究工作,从合成、表征到性能研究全链条切入,编排了一系列适合于本科生(强基班、拔尖班)和研究生的本硕博一体化教学与科研训练的实验课程,融合了有机化学、无机化学、物理化学、分析化学、仪器分析等多门课程的基础知识,仪器操作、测试的专门技能,以及催化、发光、分离、诊疗等应用基础研究进展。本书配有彩图,读者可扫描封底二维码获取。

《配位超分子笼化学实验》可供高等学校化学、材料学及相关专业学生使用,也可供从事该领域的科研人员学习参考。

图书在版编目(CIP)数据

配位超分子笼化学实验 / 苏成勇,潘梅主编. —北京 : 化学工业出版社,2022.10(2023.6重印)

ISBN 978-7-122-41323-9

Ⅰ. ①配… Ⅱ. ①苏… ②潘… Ⅲ. ①超分子结构-结构化学-化学实验 Ⅳ. ①O641.3-33

中国版本图书馆 CIP 数据核字(2022)第 086501 号

责任编辑:马泽林 杜进祥

责任校对:刘曦阳 装帧设计:韩 飞

出版发行:化学工业出版社(北京市东城区青年湖南街 13 号 邮政编码 100011)

印 装:北京科印技术咨询服务有限公司数码印刷分部

787mm×1092mm 1/16 印张 10½ 字数 253 千字 2023 年 6 月北京第 1 版第 2 次印刷

购书咨询:010-64518888 售后服务:010-64518899

网 址:http://www.cip.com.cn

凡购买本书,如有缺损质量问题,本社销售中心负责调换。

定 价:30.00 元

　　配位超分子笼又称超分子有机金属笼（SMOCs），是指由金属离子和有机配体通过配位作用驱动的自组装过程构造的一类具有规则外形、特定尺寸和内部空腔的超分子配合物。超分子笼化学发展于穴醚、杯芳烃等传统共价分子笼的主-客体化学，是源于对蛋白质笼［如铁蛋白（ferrintin），网格蛋白（clathrin）］、酶活性中心、离子传输通道等基本生物功能单位的形状与微环境的模拟而发展起来的仿生自组装超分子化学。超分子笼具有热力学稳定性、骨架刚性和主-客体识别与动态交换性能，因此相当于在均相溶液中营造了一个非均相的异相性微纳化学空间，呈现独特的仿酶超分子笼效应。与人们所熟知的瞬态、易变的"溶剂笼效应"不同，超分子笼的规则、刚性骨架和选择性分子识别性能为仿酶限域催化奠定了基础。其高对称性的多重有机、金属功能单元的空间配置，便于实现多功能的空间耦合、协同效应。而限域空间的分子相互作用、扩散、碰撞、取向均与开放自由体系的大量分子统计行为不同，因此可以认为是在热力学的温度标度、动力学的时间标度之外，产生了空间限域的体积标度，由此可能会获得一些特异的物理化学性质、分子反应机制或分子传输性能。基于以上理念，笔者课题组近年来构造了一系列配位超分子笼，通过引入具有不同物理化学性质的功能单元，研究各种性能在微纳限域空间的配置、协同、耦合作用，发展基于配位超分子笼的限域催化、限域发光和限域传输，推动超分子笼在催化、分离、输运、诊疗、光电等相关领域的应用研究。

　　本书基于笔者课题组系统性的配位超分子笼研究工作，着重训练学生在科研工作中进行有机合成、结构鉴定、催化、拆分、光谱分析、理论模拟、细胞与生物成像等实验时的流程范式，培训学生常用的核磁共振、质谱、色谱、X射线衍射、荧光光谱、紫外-可见吸收光谱、旋光与CD光谱、激光共聚焦显微镜等仪器设备的使用技术与模拟软件的应用技能，培养学生自主查阅文献以及分析问题、解决问题的能力。此外，由于配位超分子笼结构的复杂性，因此书中相关图旁配有二维码，读者可扫码观看彩图。希望读者可以由此了解超分子笼化学及其在限域催化、发光和传输等领域的应用，并对其科研工作有所启发。

本书由苏成勇、潘梅主编，本课题组内的老师及研究生韦张文、李康、吴凯、郭靖、王静思、鲁玉麟、黄银慧、宋嘉琦、陈杰、张晓东、阮嘉、王远帆、王亚平、刘媛媛、张宇、罗宇成、王家骏等参与了若干实验的编写与修订，胡鹏、江继军、王大为、范雅楠、杜彬彬等老师也参与了相应实验内容的探索与实践工作，付出了艰辛的劳动，在此表示衷心的感谢。另外也感谢广东省本科高校教学质量与教学改革工程建设项目、中山大学研究生教育教学改革研究项目、本科教学质量工程类项目和莱恩功能材料研究所等对本书出版所给予的资助。

由于编者水平有限，书中内容难免挂一漏万，在此深表歉意，恳请读者批评指正。

编　者
2022 年 3 月于中山大学东校园

第 4 章　有机金属笼（MOC-16）的催化反应实验　114

第 5 章　有机金属笼（MOC-42）的合成与性能实验　147

附录　159

第 1 章　绪论

1.1　配位超分子笼简介

配位超分子笼，又称超分子有机金属笼（Supramolecular Metal-Organic Cages，SMOCs），是由金属离子和配体通过配位键驱动的自组装得到的一类具有规则外形、优美结构、特定尺寸和内部空腔的超分子。1999 年，来自日本和美国的 Fujita 和 Stang，在 *Nature* 杂志同期报道了各自关于超分子有机金属笼的自组装和结构的研究工作。此后经过二十多年的迅猛发展，越来越多的超分子有机金属笼体系被开发。广义上的配位超分子笼包括多边形、多面体、棱柱体、管状体等不同几何构型。与空间结构无限伸展的金属-有机框架（Metal-Organic Frameworks，MOFs）不同的是，配位超分子笼是分立的金属-有机体系，具有明确的形状、空腔、纳米级的尺寸以及对称度较高的几何构型。大多数配位超分子笼材料在溶剂中具有良好或一定的溶解性，因而表现出相较于难溶或不溶的 MOFs 材料更高的主-客体作用、催化活性和生物相容性等特点。区别于传统的杯芳烃、环糊精等通过不可逆共价键构筑的笼结构，配位超分子笼将动态可逆的配位键引入笼体系中，使其具有一定的动态性，结构也更加多样化。同时，不同功能化配体和金属中心的引入也赋予了分子笼丰富的化学特性，进一步与微纳尺寸的空腔进行耦合，使得其产生了区别于其他材料独特的性质。

基于金属-配体键合作用和自组装原理，化学家们设计合成出了一系列分立的、具有特定形状和立体构型的分子笼，包括分子多边形（如分子三角形、正方形、长方形、六边形、八边形、十二边形等）、分子多面体（如分子四面体、八面体、立方体、截角八面体等）、分子环状体、管状体、螺旋体等等。几种典型的分子笼形状如图 1-1 所示。

（1）分子多边形　具有 60°夹角的角形单元与线形单元如联吡啶自组装，可以得到分子三角形。具有两个互为 90°角配位点的金属中心与直线刚性配体反应，可组装成分子正方形。

（2）分子多面体

① 分子四面体　通过 4 个角状三单齿亚单元与 6 个线形双单齿亚单元组装，或者 6 个螯合矢量角为 70.6°的双齿配体与 4 个八面体配位的金属离子组装，可以构筑对称性为 T 的四面体超分子结构。

② 分子立方体　立方结构要求 8 个顶点上的角度都互相垂直，Thomas 等最早利用一步法合成了金属配位的超分子立方体。8 个八面体配位的金属 Ru^{2+} 与 12 个线形连接棒自组装为分子立方体。

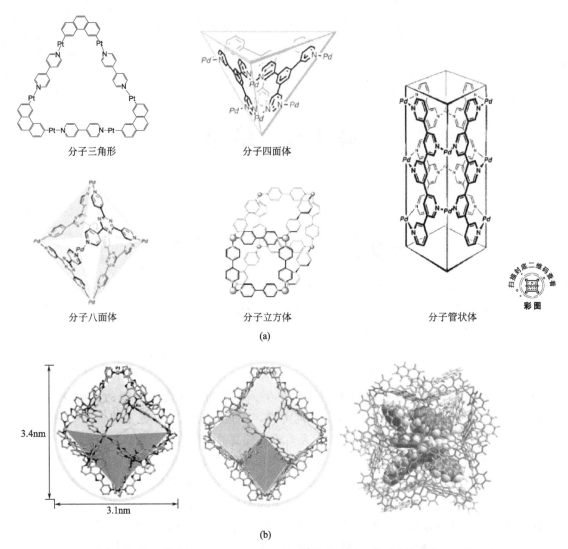

扫描封底二维码查看
彩图

图 1-1　(a) 几种典型的分子笼形状；(b) MOC-16 的几何外形，可以分别看作截角八面体（左）
或十二面体（中），及其晶体结构示意图（右）

　　③ 分子八面体　利用单-三齿三角形刚性配体与一系列过渡金属离子组装，可以得到分子八面体。

　　④ 截角八面体　由 6 个 Pd^{2+} 和 8 个金属配体 RuL_3 组装得到的有机金属笼 MOC-16 [图 1-1(b)]，其结构可以看作截角八面体，a、b、c 三个方向上的尺寸分别为 33.5Å× 33.5Å×31.2Å (1Å=0.1nm)。6 个 Pd^{2+} 占据了截角八面体的 6 个顶点位置，8 个金属配体作为截角八面体的 8 个平面。同时，整个笼子有 12 个菱形窗口，所以又可以看作十二面体结构，其一窗口大小为 10.7Å×5.6Å。

　　(3) 分子管状体　基于配位键的分立的超分子纳米管并不多见，分立的有限配位分子管往往需要选择特殊的多齿配体与金属离子设计组装而成，通常需要引入模板效应。Fujita 等利用棒状客体分子作模板，合成了一系列分立的配位分子管。

　　近年来，配位超分子笼的性能应用研究日趋广泛。一方面归因于分子笼特异的分立几何构型和内部空腔结构等特点，另一方面则取决于其丰富的物理、化学和生物性能的可设计性与可调控性。金属配位中心的固有性质如立体化学、光物理、电化学和磁性等性质本身就可赋予超分子有机金属笼丰富的功能，再加上配位中心的性质可以很容易由金属中心和有机配体的种类进行调节，使得这类兼具功能化配位中心和一定尺寸空腔结构的超分子有机金属笼逐渐成为光、电、磁、手性、催化、生物医药等不同性能应用领域的研究热点。

1.2　配位超分子笼组装策略

作为超分子化学的重要组成部分，自组装是获得超分子有机金属笼的前提。自组装方法的发展大大促进和丰富了超分子有机金属笼的结构类型及相应的性能研究。在目前超分子有机金属笼的构筑策略中，使用最广泛的有分子库模型（又称定向键合策略）、对称相互作用模型、分子嵌板模型、分子夹模型、弱连接策略、次级组分自组装策略、分步自组装策略等。依据这些构筑策略，人们组装得到了形状丰富、尺寸各异的分子笼。

1.2.1　金属配体分步自组装策略构筑 Ru-Pd 异金属分子笼

基于分步自组装策略，笔者课题组选用具有吡啶和邻菲罗啉配位基团的多齿配体，组装异金属的 Ru-Pd 超分子有机金属笼。首先，配体的邻菲罗啉部分和 Ru^{2+} 螯合形成热力学稳定的金属配体。接下来，金属配体的吡啶端基再与 Pd^{2+} 自组装即可得到异金属的八面体型分子笼（MOC-16）。在二次组装过程中，Pd-N 键良好的动力学可逆性和较高的键合强度可以修正自组装过程中的错误，使得配位驱动的自组装沿着预定的方向进行，最终得到单一的热力学稳定的笼状产物（图 1-2）。

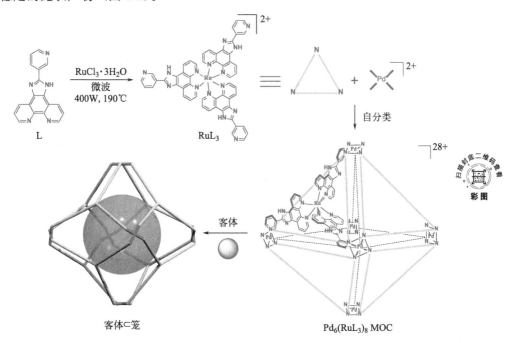

图 1-2　分步自组装策略构筑的异金属 Ru-Pd 分子笼 MOC-16

1.2.2 预拆分金属配体策略构筑手性 Ru-Pd 异金属分子笼（MOC-16）

作为分子笼的独特结构和功能性体现的代表之一，手性分子笼因在立体化学、非线性光学、生物医学、模拟酶等领域展现出的独特应用潜力而备受关注。由于绝大多数多面体外形的超分子有机金属笼具有多重高对称性，手性控制难度很大。通常在手性笼的组装过程中，向组成多面体的顶点、边或面等位置引入手性元素来移除多面体的对称中心和对称面，从而实现导向性的手性控制组装。

针对上述的考虑，笔者课题组发展了一种组装立体化学稳定的、高对称性多面体外形（固体结构具有 D_4-对称性，溶液结构具有 O-对称性）、单一手性的超分子有机金属笼的普适化方法。通过预拆分 Δ/Λ-Ru 金属配体前驱体和分步自组装的策略，得到单一手性 Ru-Pd 异金属分子笼（Δ/Λ-MOC-16）的对映异构体（图 1-3）。手性识别测试表明单一手性的分子笼和一对对映异构体 R/S-BINOL 的主-客体行为不同。手性拆分实验证明了手性的分子笼对于不同类型的手性客体分子具有不同的立体选择性，而且选择性地对 C_2 对称性的阻转异构体分子而不是不对称碳手性 C^* 的分子具有较好的分离性能。

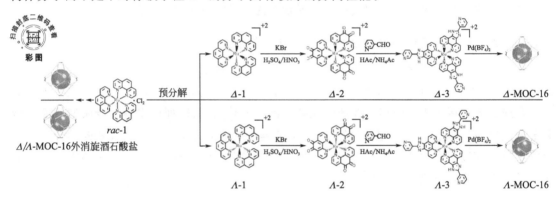

图 1-3　通过预拆分金属配体和分步自组装策略构筑纯手性 Δ/Λ-MOC-16

1.2.3 原位二次组装策略构筑手性 Fe-Pd 双金属分子笼（MOC-42）

笔者课题组进一步将配位自组装手性分子笼技术发展到第四周期过渡金属元素铁。利用分步自组装法，成功获得了高纯度单一手性 Fe-Pd 双金属分子笼（MOC-42，图 1-4）。首先利用一次组装的外消旋 Fe-金属配体之间的手性识别与传递效应，通过 Pd-配位进行二次组装，得到一对 Fe-Pd 双金属分子笼对映体。研究发现，分子笼 Fe-中心立体化学可以通过各顶点/边之间的机械耦合效应增强稳定性。进而通过与手性辅助试剂联萘酚共结晶的方法，成功拆分得到单一手性分子笼产物。

更有意义的是，利用 Fe 中心的立体化学活性，直接在一次组装过程中引入手性联萘酚，原位诱导 Fe 中心手性配位自组装，成功控制了 Pd-配位二次组装的手性产物，并通过快速沉淀得到更高光学纯度的大量纯手性分子笼。据此，提出了原位组装与后组装两种手性诱导过程，发展了共结晶热力学拆分与快速沉淀动力学拆分两种手性产物分离方法。与后组装共结晶热力学拆分相比，原位组装快速沉淀动力学拆分方法不仅过程简易，而且手性产物纯度更高，更便于宏量制备。与 Ru-Pd 双金属手性分子笼相比，Fe-Pd 双金属手性分子笼合成更简单，条件更温和，而且铁元素在地壳中含量丰富，原料廉价易得。该工作作为开发廉价金属的手性分子笼配合物，稳定并利用其立体化学活性金属中心提供了新途径。

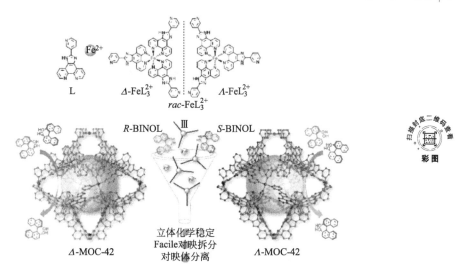

图 1-4　原位二次组装策略构筑纯手性 Δ/Λ-MOC-42

1.3　配位超分子笼效应

1.3.1　从分子笼到超分子笼

分子笼可以按是否通过共价键连接，分为共价有机分子笼（Covalent Organic Cages，COCs）与超分子笼（Supramolecular Organic Cages，SOCs）。顾名思义，共价有机分子笼通过纯共价键作为连接子进行组装，包括 20 世纪 40 年代的环糊精开始发展的大环化学，逐渐到 70～80 年代的穴醚、葫芦脲、杯芳烃等一系列笼状主体，再到如今多种通过共价键连接的多面体型有机分子笼（图 1-5）。共价有机分子笼往往具有较高的热力学稳定性和有机溶剂中良好的溶解性，其形成的内部空腔可以与客体分子通过非共价作用力结合，从而形成超分子结构。

区别于共价有机分子笼，超分子笼自身即为一个超分子组装体，通过配位作用、氢键作用、静电作用、π-π 作用等交换较快的作用力作为驱动力进行组装形成。由于上述各种超分子作用力的组装过程具有动态平衡性和可逆性，使得超分子笼的自组装过程是可"自我矫正"的，错误的键合方式可通过解离和再缔合修复，由此使得超分子笼具有一定的动态性。另一方面，超分子的热力学自组装过程通常会产生一个比竞争者稳定得多的唯一产物。因而，得益于笼整体多组装位点的匹配协同以及整体刚性结构特性，超分子笼也具有一定的稳定性。通常而言，超分子笼按组装基元分类，可以分为超分子有机金属笼（Supramolecular Metal-Organic Cages，SMOCs）、超分子氢键有机笼（Supramolecular Hydrogen-Bonded-Organic Cages，SHOCs），以及其他超分子作用力组装的笼结构。

1.3.1.1　超分子有机金属笼

超分子有机金属笼通过金属与配体之间的配位作用作为组装驱动力。配位键键能（60～200kJ/mol）介于有机共价键能（250～500kJ/mol）和弱相互作用能（2～40kJ/mol）之间，

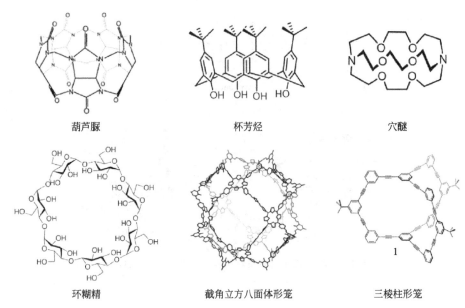

图 1-5　有机大环及共价有机分子笼结构示意图

使得这种连接方式既有一定刚性又有一定可逆性，保证了体系可以对组装过程中出现的错误连接进行自纠错和自修复，同时又能保证最终产物结构的稳定性。其次，金属的配位数和轨道的方向性决定了配位键的数目和方向性；此外，配体结构的灵活性和可修饰性又可以赋予组装产物一些独特的性能，如水溶性和光响应性等。最后，参与组装成笼的金属配位中心的固有性质如手性、催化活性、光致发光性以及电化学和磁性等，可进一步丰富超分子有机金属笼的功能和应用。

用来构筑超分子有机金属笼的策略包括定向键合策略、对称相互作用模型、分子嵌板模型、弱连接策略、次级组分自组装策略、分步自组装策略和分子夹模型等。分子嵌板模型的基本思想是设计出具有不同作用位点的配体多边形"面板"。如图 1-6(a) 是利用分子嵌板模型构筑八面体的一个典型例子。其中 2,4,6-三吡啶三氮唑构成具有 3 个配位点的三角形"面板"，4 块这样的"面板"通过与乙二胺顺位保护的 Pd^{2+} 配位，得到带有 4 个面空缺的分子八面体。在利用多齿配位点的螯合型配体，构筑例如螺旋体、四面体等笼状结构时，对称相互作用模型是一个强有力的工具。该策略需要配体的多个配位点的朝向固定，以免形成寡聚物，最终依赖热力学控制和自组装的自修复能力来形成最终的热力学优势的产物。如图 1-6(b) 的 M_4L_6 型分子笼的构筑中，4 个金属中心占据四面体的顶点，6 个螯合配体分布在边上。四面体的 C_2 轴需要位于相邻的金属中心的螯合平面之间，而同一个配体的两个配位向量的夹角需要保持 70.6°。

笔者课题组发展的分子夹模型，通过配体导向的对称相互作用原理，可以方便地组装低对称性的分子长方形或棱柱体结构。棱柱体的特征是含有一个高次旋转轴（如 $n=3$、4、5、6，分别对应三、四、五、六棱柱），而垂直于主轴方向的对称性不超过二次旋转轴。因此，可以通过选择或预组织具有不同对称性的前驱体，分别具有 n 次旋转对称性和二次旋转对称性，按比例组合，理论上可以得到由高次旋转对称性决定的棱柱体结构。这种模型的设计策略中，前驱体之一呈现顺式"别针"型夹子构型，可以看作是"两足""三足""四足"

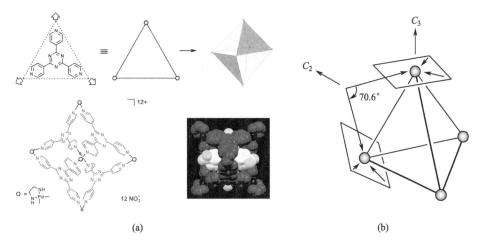

图1-6 （a）分子嵌板模型；（b）对称相互作用模型组装分子笼示意图

"五足"或"六足"的"分子夹"；而前驱体之二是线状（C_2）或放射状多角（$C_{3\sim6}$）结构，可以看作是线形或多角"连接子"（图1-7）。

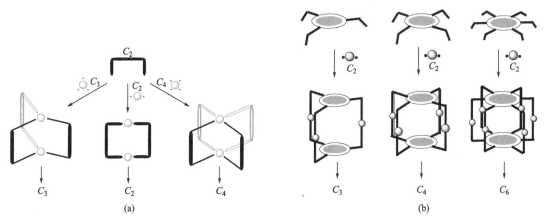

图1-7 （a）C_2 对称性分子夹和 C_n 对称性连接子结合组装分子长方形或棱柱体；

（b）C_n 对称性分子夹和 C_2 对称性连接子结合组装棱柱体

1.3.1.2 超分子氢键有机笼

氢键组装单元具有高度的取向性以及多重性的特点。虽然在各种非共价作用中氢键作用力（4～120kJ/mol）并非最强，但是由于其多重性的特点，所产生的组装单元具有较高的结合常数，因此通过多重氢键供受体组装是构筑笼状结构的较理想方式。由于其方向性和易变性，各种各样通过氢键组装形成的超分子笼结构被开发出来。但这些氢键组装的超分子笼在溶液中的热力学稳定性受到限制。

如图1-8中，（a）是一个二聚体，苯并咪唑酮环上同时具有氢键给体 N—H 和氢键受体 O，两个分子通过16个分子间氢键形成稳定的超分子笼结构。（b）是八面体结构氢键有机笼，由6个间苯二酚杯芳烃和8个水分子通过氢键作用组装而成，具有约 $1.4nm^3$ 大小的空腔。（c）是 A_4L_4 型分子笼以4个磷酸根离子作为顶点，4个配体作为面构成。其中，每个 PO_4^{3-} 通过12个氢键 N—H···O 与配体结合，形成饱和配位结构。

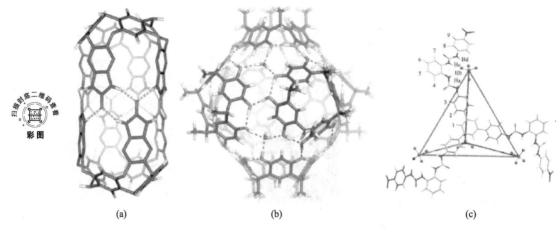

图 1-8　几例典型的超分子氢键有机笼

1.3.1.3　其他超分子作用力组装的笼状结构

除了配位作用以及氢键作用外，其他弱作用力由于受组装环境影响较大报道较少，目前主要有 C—H⋯π 相互作用以及卤键作用进行组装超分子笼。这些超分子笼的结构可以在固体中存在，但溶液中热力学稳定性不好，因而可应用性也受到限制。

Shionoya 等报道的超分子笼主要依靠疏水作用、范德华力、C—H⋯π 相互作用组装而成。6 个六边形两亲分子在甲醇水溶液中结合，形成了一个分立的 2nm 大小的自组装有机超分子笼 [图 1-9(a)]。Diederich 等首次报道了通过卤键作用自组装笼的例子。卤键供体和受体头对头进行组装形成分子笼，其中 4 个卤键的距离为 $d_{(I⋯N)}=0.282nm$ [图 1-9(b)]。

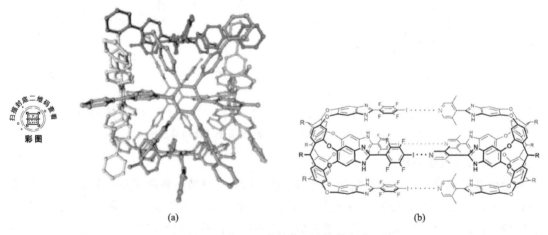

图 1-9　其他作用力组装超分子笼

1.3.2　超分子笼效应

传统意义上的"笼效应"一词，最早由 Franck 和 Rabinowitch 于 1934 年提出，描述了分子的性质如何受到周围环境的影响。该效应指出，反应分子被限制在溶剂分子形成的网络中，会发生多次的碰撞，其扩散、反应与气态条件下有很大差异。这样形成的溶剂笼是非固定与非刚性的，因此所产生的笼效应是瞬态的。不同于传统意义上的溶剂笼，在超分子领域中，由于超分子笼具有特定的空腔结构，在溶剂中形成了一个非均相的微纳空间，类似于生物中的酶，兼具了动态性与稳定性。通过一系列作用力，如疏水作用、静电作用、氢键、π-π 作用力等，底物分子与笼分子之间结合，将底物分子限制于笼的限域空腔中，底物分子之间的碰撞从随机碰撞转变为在限域空间内的定向碰撞，从而极大增加了在笼中反应的速率。同时分子行为也从宏观上大量分子的统计行为，变成限定分子的相互作用。规则的空腔结构也可以对底物的排布方式进行限制，进一步得到特定构型甚至单一手性的产物。

如图 1-10 所示，在 Frank 和 Rabinowitch 提出的溶剂笼效应的基本概念中，溶剂中的分子受到周围环境的影响。笼效应的实质是笼内分子发生一系列的碰撞而不是一次碰撞，从而在笼壁内发生反应，反应物分子释放到笼外的概率很低。然而，由溶剂组成的笼具有高度的流动性和柔性，其形状极易发生动态变化。相比较而言，与人们所熟知的这种瞬态、易变的"溶剂笼效应"不同，超分子笼的空腔具有明确的边界，通过特定的主-客体相互作用，为客体分子提供匹配的尺寸和方向控制。对于客体分子在这种空腔中的反应，通常情况下，主体分子的大小和形状基本不变。在通常的反应时间尺度下，超分子笼空腔具有相对固定的形状和刚性尺寸。另外，超分子笼的空腔结构具有包封和提高客体溶解度的优点，这意味着反应物和产物的转移效率更高。在一个典型的超分子笼催化反应过程中，超分子笼首先封装反应物，继而反应物在笼空腔中发生反应，然后释放产物。这些过程是由超分子笼作为一个整体的电子效应、空间效应、表面效应和约束效应决定的。

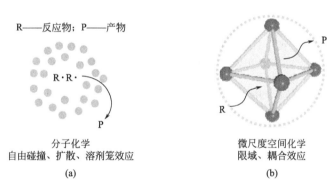

图 1-10　溶剂中的笼效应（a）与超分子笼限域、耦合效应（b）

自然界中酶可以在温和的条件下高效率和专一性地加速一系列重要的转化反应。在反应中，底物与酶的活性位点发生相互作用。酶的空腔结构，为这些活性位点提供了良好的疏水环境，并通过累积效应对底物产生激活。超分子化学家从自然界的酶促精准化学中获得灵感，设计底物与催化活性位点相邻的催化反应，从而产生了大量有趣的仿生模型。超分子笼的规则、刚性骨架和选择性分子识别性能，为仿酶限域催化奠定了基础。在利用超分子笼空腔的均匀溶液中，具有典型的仿酶特性。与此同时，在构造超分子有机金属笼的过程中，通过引入具有不同物理化学性质的功能单元，能够实现各种功能基元在笼纳米空间的有序和定向的配置、协同、耦合效应，从而实现纳米限域空间化学反应与物理过程的特殊性，如笼限域催化、限域发光、限域传输等。

1.3.2.1　超分子笼限域效应

特定形状的空腔作为分子笼最重要的特征，在限域效应中起到了非常重要的作用。在分子笼的限域空间内，分子的扩散、吸附、电子态、反应性等物理化学特性发生变化，从而使其在分离、催化、发光等领域都具有独特的应用。由于超分子笼的结构和功能集成特性，其限域效应可以分别体现为几何限域效应、识别（包合）效应、疏水效应、静电效应、屏蔽效应、酸碱效应、保护效应、增浓效应、稳定效应、定向效应、加速效应等不同方面。下面对其中的部分效应举例介绍。

（1）几何限域效应　超分子有机金属笼的空腔是一个确定形状的几何体，可以利用空腔限制其中包合物的运动及组装，如控制纳米材料在其中的生长，实现纳米材料的高效、均一的合成。或者将聚集诱导发光（AIE）的分子锚定于分子笼内部，引起局部四苯乙烯分子运动受限，实现溶液中的局部聚集诱导发光（图 1-11）等。

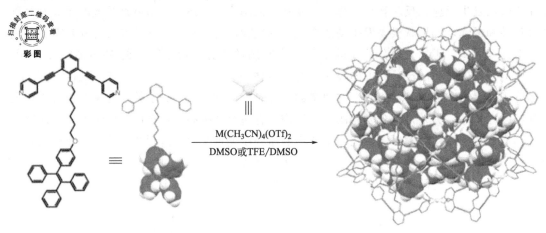

图 1-11　笼限域空间内锚定聚集诱导发光分子

DMSO—二甲亚砜；TFE—三氟乙醇

（2）识别（包合）效应　用自组装得到的分子笼，来选择性识别和包合特定环境中的客体分子，是分子笼主体与客体分子的空间和电子结构匹配协同的结果。通常，可以通过控制分子笼空腔和窗口的大小，以及调控笼子的溶解性、空间作用位点等，来选择性地识别和包合特定的客体分子，继而实现存储、运载、保护、释放客体等目的。如利用 MOC-16 分子笼内部空腔的疏水性，可以对菲、芘、蒽、䓛 4 种非极性芳香有机客体分子进行选择性识别和包合。菲、芘、蒽 3 种客体分子由于尺寸适中，刚性平面可与笼子发生较强的 π-π 堆积作用，可以被笼子包裹进其空腔内部，且包裹的客体数目较多，均达到了 10 个以上。在客体进入笼子后，主-客体间产生了相互影响作用，这种作用非常明显地反映在一维氢谱上。而对于客体䓛，由于分子尺寸较大，不能通过笼子的窗口，所以没有被包裹进笼子内部，这一结果反映了笼子对包合客体分子的大小选择性（图 1-12）。

（3）定向效应和加速效应　具有较强限域作用的分子笼还可以将两种底物以特定的排列方式限制在笼的空腔中，从而获得在传统溶液反应中无法获得的特征化学选择性产物。此外某些物质由于在笼的限域空腔中发生扭曲，从而使得其反应性发生改变。如图 1-13 所示，将多个酰胺类化合物包合进笼中，平面的酰胺键在笼的空腔中排列形成扭曲的形状，使得酰胺水解速率在笼存在的条件下明显提升。

（4）静电效应　由于超分子有机金属笼往往具有较高的价态，因此局部高电荷的限域空腔中包合的客体分子的物理化学性质产生较大的改变。如 Raymond 课题组报道的阴离子笼具有－12 价的负电荷，使得笼空腔中的客体分子更加容易被质子化，从而使空腔呈现"酸性"，借此可以在碱性溶液环境中实现酸催化。

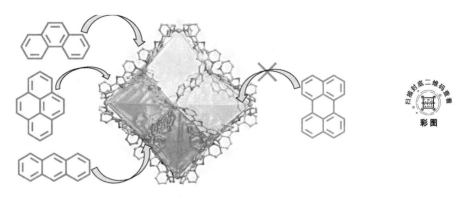

图 1-12　分子笼对客体分子的识别（包合）选择性

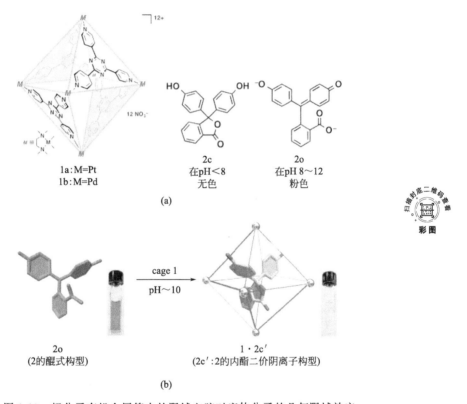

图 1-13　超分子有机金属笼中的限域空腔对客体分子的几何限域效应

（5）屏蔽效应　限域空腔中的客体分子与笼壁结合十分紧密，使得笼壁的电荷环境对客体分子影响十分显著。由于通常的配体具有芳香性，因此如果存在主-客体作用，客体分子的质子受到芳环的屏蔽作用，使得其化学位移值移向高场。同样地，将配体更换为反芳香性的基元也会对客体产生去屏蔽效应，从而使得其化学位移值移向低场（图 1-14）。

1.3.2.2　超分子笼空间耦合效应

超分子笼具有空间耦合的特性，能在一定尺度的限域空间内实现手性、氧化还原性、光活性、催化活性等多种功能的相互耦合。在一个分子笼中，通过两种或多种组成单元之间的相互影响，使得其性能相较于单一存在的组分有一定的改变。例如，将非手性的有机配体与

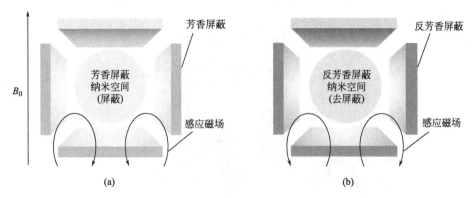

图 1-14　笼限域空腔的屏蔽效应（a）与去屏蔽效应（b）

手性的金属中心进行结合构筑分子笼。通过手性金属中心诱导出笼分子的整体手性，而笼整体的结构刚性又为金属中心提供了稳定性，从而产生手性记忆的效应（图 1-15）。

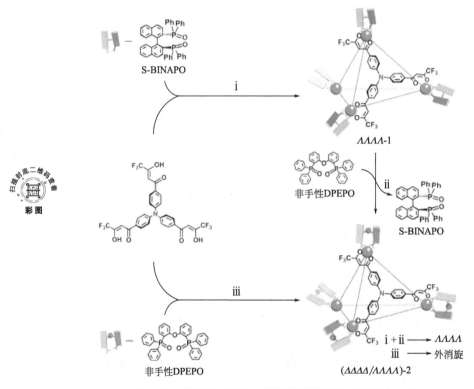

图 1-15　超分子有机金属笼手性笼诱导及手性保持示意图

　　除了笼本身与金属节点的耦合效应外，还存在笼与客体分子的耦合作用。如采用四硫富瓦烯作为客体分子，参与到 Ru-Pd 超分子有机金属笼的光催化产氢的过程中，可以使得笼的产氢效率大幅提升。这是由于四硫富瓦烯分子作为电子中继体，与笼的电子转移过程进行耦合，从而使得电子传递效率得以提升（图 1-16）。

1.3.2.3　超分子笼空间协同效应

　　所谓协同效应，是指超分子有机金属笼中多种组成单元相互协作，从而实现同一目标，如发光、检测、催化等。由于分子笼在一定的尺寸范围内集合了多个配体、金属与客体中

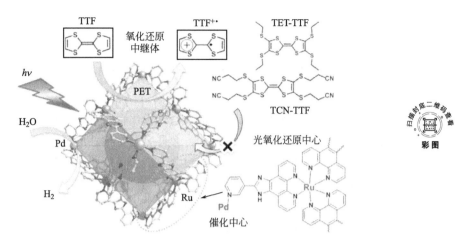

图 1-16 超分子有机金属笼中主-客体耦合的电子传递过程

心，配体之间、配体与金属之间、笼与客体之间都会存在一定的相互影响，因此往往会带来与在普通溶液中不同的性质。由于空腔的存在，这种协同效应在大多数超分子有机金属笼中都可以得以体现。如采用催化中心与笼的规整空腔进行结合，将催化剂锚定于笼内部，从而在局部形成高浓度的催化中心，同时由于笼的富集作用，增大底物分子与催化中心的碰撞概率，从而使得催化效率被极大提升。

除了可以利用笼的空腔，由于笼的多中心集成的特性，还可以实现不同结构和功能单元之间的协同催化。例如，将含有多吡啶 Ru 吸光单元和金属 Pd 催化中心的 MOC-16 八面体分子笼应用于可见光分解水产氢研究，获得了高达 $380\mu mol/h$ 的初始产氢速率和 635 的转化数（TON_{Pd}）（48h）值。在该有机金属笼中，催化剂的高活性和良好的稳定性与分子笼的多中心集成结构密切相关。多个 Ru 中心、Pd 中心和桥联配体，分别实现了空间上相互独立、功能上相互等价的吸光中心、催化中心和电子传输通道，提高了光催化过程中电子转移和能量传递效率，从而提高了光催化产氢活性（图 1-17）。

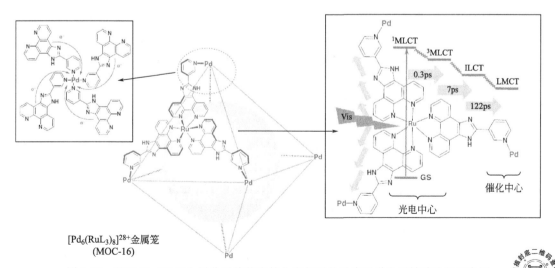

$[Pd_6(RuL_3)_8]^{28+}$金属笼
(MOC-16)

图 1-17 基于 Ru-Pd 双金属分子笼的光催化产氢器件及多通道电子转移途径示意图
MLCT—金属-配体电荷迁移；LMCT—配体-金属电荷转移

1.4 配位超分子笼结构表征

在超分子化学中，一个重要的挑战就是对超分子化合物进行结构表征和鉴定，尤其是对于像分子多边形和分子多面体等尺寸比较大、又具有高对称性的复杂体系。随着近年来结构表征手段的发展，已经可以对较大分子量的超分子结构进行明确测定，从而进一步对其结构特性以及主-客体行为进行探究。目前而言，超分子有机金属笼的结构表征主要涉及固态和溶液等不同条件下的技术手段，其中固态条件下常用的是 X 射线单晶衍射技术，核磁和质谱则是溶液条件下表征配位分子笼结构的常用方法。

（1）X 射线单晶衍射　最能够明确地确定产物结构的方法，是通过 X 射线单晶衍射技术确定其晶体结构。但是，一方面较大的分子结构较难得到生长完美的单晶样品（可能与其晶体堆积方式以及分子中填充的溶剂分子容易失去有关），另一方面溶剂分子和抗衡阴离子普遍存在的无序性也使得高角度衍射数据的收集和结构的精修比较困难。目前，随着同步辐射在单晶和多晶分析中的应用越来越普遍，高强度的衍射数据采集变得可能，因此有助于大分子、大晶胞样品的分析。但是，由于衍射强度在高角区和低角区的差别很大，同时不同衍射峰强度的差异也很大，因此对探测器灵敏度和线性范围的要求也越来越高。

（2）核磁共振波谱　自组装过程通常会导致分子的核磁共振谱图发生改变。这些变化是推断自组装产物结构的信息来源。在超分子有机金属笼的组装和主-客体化学中，化学位移变化往往可以指示分子笼以及主-客体复合物的形成。由于主体芳香壁的化学屏蔽效应，所包含的客体的核磁信号相对于自由分子通常会向高场移动，从而为主-客体作用提供了重要的信息。此外，核磁滴定分析（NMR Titration）也是常用的研究配位分子笼结构与组装过程的方法，具体做法是向定量的配体溶液中逐次定量滴加金属盐溶液，或倒反滴加次序，以研究配体与金属离子在不同比例下作用时的化学位移变化。

除了 ^{1}H NMR，其他核磁技术也为研究分立超分子提供了重要手段，如二维核磁、变温核磁（从热力学的角度说明温度对平衡常数的影响）、各种元素的核磁谱分析（如氟谱、磷谱）等。随着核磁技术的发展，将 NMR 扩展到第二维度甚至第三维度，为分析结构复杂的超分子有机金属笼开辟了新的前景。二维 NMR 检验方法可以有效地描述出分子内部或分子之间的原子（离子）的相互作用，包括通过 COSY（Correlation Spectroscopy，相关谱），TOCSY（Total Correlation Spectroscopy，全相关谱），HMQC（Heteronuclear Multiple Quantum Correlation，异核多量子相关谱）和 HMBC（Heteronuclear Multiple Bond Correlation，异核多键相关谱）检测到的化学键耦合，以及通过 NOESY（Nuclear Overhauser Effect Spectroscopy，核欧佛豪瑟效应频谱）和 ROESY（Rotating-Frame Overhauser Enhancement Spectroscopy，旋转坐标系欧沃豪斯增益谱）检测到的空间关系等。除此之外，扩散排序核磁共振谱（Diffusion-Ordered Spectroscopy，DOSY）在超分子化学研究中也发挥了重要的作用。分子的自扩散系数（D）是其在溶液中的迁移率的量度，取决于溶剂的黏度，以及"有效"分子的大小和形状。诸如聚集、包裹以及其他分子间和离子间相互作用的信息，将反映在测得的 D 值上。因此，通过 DOSY 检测并且计算得到的 D 值，可以对有机金属笼的结构、形态和主-客体作用进行表征。

（3）高分辨质谱　质谱是一种测量带电质荷比，进而鉴定被分析物质分子组成和结构的分析技术，具有高速检测、分离和鉴定同时进行等优点。1984 年，Yamashita、Fenn 和 Alexandrov 研究小组各自独立研究并开发出电喷雾离子源（Electrospray Ionization，ESI）。ESI 是一种具有软电离特性的离子源，它能基本保持带电母离子而不被打碎。该技术的广泛使用，使得质谱技术研究非挥发性、易分解的大分子成为可能。近年来，利用电喷雾质谱表征技术研究超分子笼状化合物的组装和在溶液中的状态，成为该领域基本的技术手段。ESI 软电离条件下的质谱，不仅对于确定自组装聚集体的化学计量和尺寸至关重要，而且对于在不受环境干扰的情况下分析弱结合超分子的内在性质也是理想的选择。

离子迁移谱（Ion Mobility Spectrometry，IMS），出现早期也被称为气相电泳和等离子体色谱，近年来则多称作离子淌度质谱，在超分子笼的研究中也发挥了重要的作用。离子淌度质谱的结合不仅可以基于传统的质荷比（m/z），而且还可以基于电荷、大小和形状的差异来实现离子分离。离子的漂移时间可以进一步转换为碰撞截面（CCS），这代表了独立于仪器参数的固有分子性质。将 CCS 值与参考实验值或理论值进行比较，可以非常详细地洞察分子结构。

1.5　配位超分子笼性能应用

如上所述，超分子有机金属笼的结构分立性、永久的多孔性、合适的空腔尺寸、疏水性、热稳定性和化学稳定性等相结合，并由此表现出的特异"笼"效应，是其发挥各种性能应用的基础。在过去的几十年间，这一领域的发展取得了令人瞩目的成就。目前为止，超分子有机金属笼的应用主要集中在主-客体作用、手性拆分、限域催化和光催化、生物成像和诊疗一体化研究等方面。

1.5.1　主-客体作用

超分子有机金属笼最显著的特征是具有确定的外形、尺寸及特定的空腔。通过主-客体间的非共价键的相互作用，分子笼的空腔可以选择性地包合与自身空腔相匹配的客体分子，并进一步体现出不同方向的应用前景。例如，Ru-Pd 异金属分子笼 MOC-16，由于在组装过程中引入了光学活性的 Ru 中心，可以和笼子的疏水空腔发挥协同作用，进而有效地结合并保护光敏型分子，使其稳定存在（图 1-18）。对比实验表明，在紫外光照 12h 后，溶液中自由的光敏型分子即光解失活，而其在形成的分子笼主-客体复合物中仍然稳定存在。这一方面说明 MOC-16 具有成为光敏型分子保护剂的潜力，另一方面可通过其对光引发剂的保护作用实现对聚合反应引发时间的控制，在光固化材料中具有潜在应用价值。

1.5.2　手性拆分

手性的超分子有机金属笼具有不对称的空腔，可以实现手性空间内的识别和分离。通过预拆分金属配体分步自组装策略得到的均一手性 Δ/Λ-MOC-16，对具有 C_2 对称性的阻转异构体分子具有明显的手性识别与拆分作用。其中，对于外消旋 6-Br-BINOL 分子，拆分得到

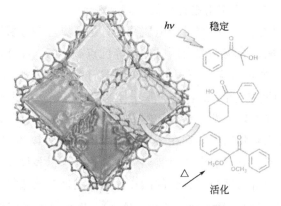

图 1-18　MOC-16 分子笼用于光敏型分子的保护

的对映异构体过量值（*ee*）可达 62％（表 1-1）。此外，该手性笼分子可用于对外消旋阻转异构体的规模化拆分和循环拆分，并在拆分过程中保持高度的立体化学稳定性。

表 1-1　*Δ/Λ*-MOC-16 对不同手性分子的拆分效果

客体	*Δ*-MOC-16		*Λ*-MOC-16	
	R,S 比例	*ee*/%	*R,S* 比例	*ee*/%
BINOL	67∶33	34	32∶68	36
3-Br-BINOL	54∶46	8	46∶54	8
6-Br-BINOL	77∶23	54	19∶81	62
1,1′-螺二氢茚-7,7′-二酚	67∶33	34	28∶72	44
萘普生	50∶50	0	50∶50	0
1-(1-萘)乙醇	50∶50	1	50∶50	0
2-羟基-2-苯基苯乙酮	50∶50	0	50∶50	0

1.5.3　限域有机光催化

传统的催化反应过程发生在宏观体系中，并不受反应容器形状和尺寸的影响。然而，在微观体系中发生的催化反应，比如在分子笼内部空腔经历的催化过程，则会受到笼内微环境的显著影响，从而拥有与宏观体系截然不同的反应路径，这与自然界中生物酶的催化作用如出一辙。通过主-客体相互作用，底物分子得以进入分子笼内部空腔进行反应，而笼分子的限域空腔，一方面增大了底物的有效浓度使反应加速进行，另一方面还会对底物以及生成产物的尺寸、形状和构象进行限制，从而导致反应过程热力学和动力学行为的改变，产生有别于宏观体系的反应结果。

利用单一手性 *Δ/Λ*-MOC-16 分子笼 Ru 中心的光化学活性中心与手性空腔的协同作用，开发了该手性笼在区域和立体化学选择性光催化偶联反应中的应用。与通常情况下生成 1,1-偶联产物不同，MOC-16 光催化的萘酚及其衍生物反应生成 1,4-氧化偶联产物，并且手性笼还表现出对产物的立体化学选择性和对构型不稳定产物消旋过程的抑制作用（图 1-19）。

1.5.4　光催化产氢

MOC-16 超分子笼将多个光化学活性的 Ru 中心与催化活性的 Pd 中心集成于分子笼中，

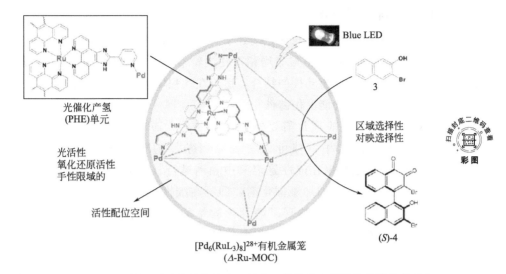

光催化产氢
(PHE)单元

光活性
氧化还原活性
手性限域的

活性配位空间

区域选择性
对映选择性

Blue LED

3

(*S*)-4

[Pd₆(RuL₃)₈]²⁸⁺有机金属笼
(*Δ*-Ru-MOC)

图 1-19　*Δ*/*Λ*-MOC-16 用于可见光催化具有区域和立体化学选择性的萘酚偶联反应

形成了多通道、高对称的均相单分子光催化产氢器件，实现了较高的初始产氢速率和优良的稳定性，48h 的 TON（转化数）达到 635。进一步将 MOC-16 植入到 ZIF-8 主体内，获得了 MOC-16@CZIF 异相光催化剂（图 1-20）。该催化剂保留了 MOC-16 固有的皮秒时间尺度内高效定向电子转移的特性，而具有自由载流子诱导能力以及还原能力的 BIH（1,3-二甲基-2-苯基苯并咪唑啉）牺牲剂的加入显著提高了 MOC-16@CZIF 的导电性，进一步促进光催化电子转移过程。最终，该 MOC-16@CZIF 显示出高于均相催化剂 50 倍的产氢活性，TOF（转化率）约为 $0.4s^{-1}$，同时具有极高的稳定性。

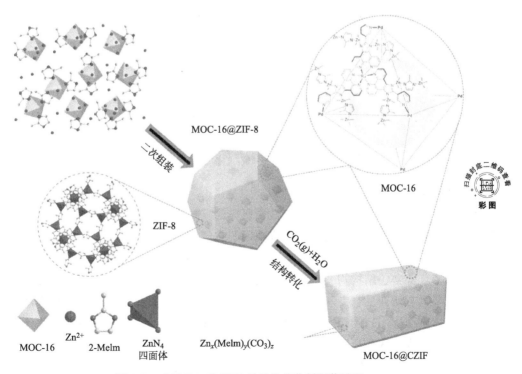

图 1-20　MOC-16@CZIF 异相光催化剂组装过程

1.5.5 开孔笼溶液多功能催化

传统的均相催化是指反应物与催化剂处于同一均匀物相中，异相催化（非均相催化）存在两相界面，酶催化则兼具均相与非均相催化的特点。基于 MOC-16 的开孔笼溶液，可以看作笼限域纳米空间与液体流动性的结合，适于在均相体系中营造笼内外环境、性质完全不同的异相性，从而实现多功能的仿酶催化。

例如，炔烃的氘代反应通常需要外加强碱催化，而利用 MOC-16 开孔笼溶液体系，在酸性溶液（pH＝2.5）中，即可以实现温和条件的快速 H/D 交换。同样，碱催化 Knoevenagel 缩合反应也可以在酸性笼溶液中顺利进行。该催化体系还可以应用于更复杂的三元 A3-偶联反应，无需外加碱催化剂，即可在酸性溶液中实现绿色高效的 A3-偶联反应。该开孔笼溶液催化体系既体现了酶催化的特征，又融合了均相、多相、相转移催化的特点，为空间限域催化的广泛应用和多功能、非常规分子转化、传输提供了多元化平台（图 1-21）。

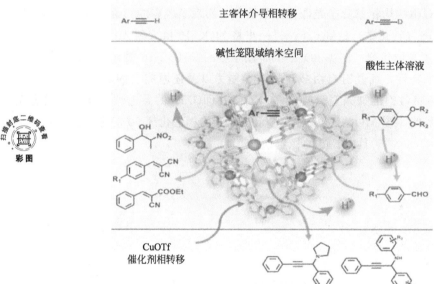

图 1-21 基于 MOC-16 开孔笼溶液的多功能限域催化

1.5.6 生物成像和诊疗一体化

随着对超分子有机金属笼的组装和性质研究的日益成熟，人们开始探索其在生物领域的潜在应用。目前已有超分子有机金属笼成功用于抗癌、药物输送、生物传感和成像以及光动力治疗（PDT）等方面的报道。光功能有机金属笼在多模式生物光学成像与治疗领域的研究具有如下独特优势：①结构均一，合成方法简便易得、重复性好，且具有可设计性、可调节性等特点；②具有靶向性、专一性，能直接指向生物体内疾病组织；③生物相容性好、毒性低、对生物体副作用小；④能实现诊疗一体化，这样也就整合了以往诊断和治疗分而治之的情况，避免了病人二次入药造成的肌体组织损伤。

超分子有机金属笼的特异空腔结构，可广泛用于药物的包合与传输，将药物与周围环境隔离开来，当抵达病变处后，再通过改变外部条件（如光、热、pH 等）或自发释放出药物分子。对于水溶性较好或者体积较大的药物分子，可以基于分子笼的主-客体关系设计药物前体。例如，Lippard 课题组选用 Fujita 课题组的 M_6L_4 型分子笼，设计了一个基于笼子输送药物的模型。顺铂易溶于水且不能被该笼子包合，所以将顺铂修饰在金刚烷上做成药物前体。相比于中性的顺铂，高价正电荷的笼子更易于被细胞吸收。当包合药物前体的笼子进入细胞并被某些生物物质（如抗坏血酸）还原时，就可以释放出药物顺铂分子，从而使药效得到了很大的提高（图 1-22）。

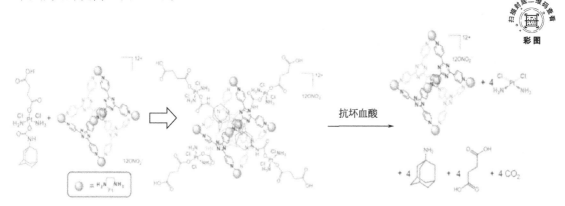

图 1-22　M_6L_4 型分子笼用于药物包合及释放

与此同时，超分子有机金属笼本身的光学和生物功能活性等特性，进一步提高了其在诊疗一体化研究中的应用价值。作为其中一个典型示例，MOC-16 集高电荷性、疏水性、质子敏感性和光活性于一体，可用于多功能的细胞膜成像和跟踪策略。其 +28 价高价态与有机配体的协同作用，使得 MOC-16 在具有良好的水溶性与去质子化能力的同时，保持了一定的疏水性，使得该笼子表现出了 pH 依赖的细胞膜吸附现象。同时，金属笼的单/双光子激发和 pH 依赖的红色发射等发光特性，使其可以作为一个多功能光学探针，成功地在可见光和近红外光激发下，实现活细胞和组织水平上的细胞膜成像（图 1-23）。

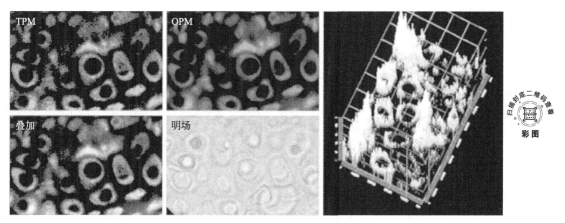

图 1-23　MOC-16 分子笼的特异性细胞膜成像

TPM—双光子成像；OPM—单光子成像

参考文献

[1] 苏成勇，潘梅. 配位超分子结构化学基础与进展 [M]. 北京：科学出版社，2010.

[2] Takeda N，Umemoto K，Yamaguchi K，et al. A Nanometre-Sized Hexahedral Coordination Capsule Assembled from 24 Components [J]. Nature，1999，398：794-796.

[3] Olenyuk B，Whiteford J A，Fechtenkötter A，et al. Self-Assembly of Nanoscale Cuboctahedra by Coordination Chemistry [J]. Nature，1999，398：796-799.

[4] Zarra S，Wood D M，Roberts D A，et al. Molecular Containers in Complex Chemical Systems [J]. Chemical Society Reviews，2015，44（2）：419-432.

[5] Cook T R，Zheng Y R，Stang P J. Metal-Organic Frameworks and Self-Assembled Supramolecular Coordination Complexes：Comparing and Contrasting the Design，Synthesis，and Functionality of Metal-Organic Materials [J]. Chemical Reviews，2013，113（1）：734-777.

[6] Chen L J，Yang H B，Shionoya M. Chiral Metallosupramolecular Architectures [J]. Chemical Society Reviews，2017，46（9）：2555-2576.

[7] Cook T R，Vajpayee V，Lee M H，et al. Biomedical and Biochemical Applications of Self-Assembled Metallacycles and Metallacages [J]. Accounts of Chemical Research，2013，46（11）：2464-2474.

[8] Amouri H，Desmarets C，Moussa J. Confined Nanospaces in Metallocages：Guest Molecules，Weakly Encapsulated Anions，and Catalyst Sequestration [J]. Chemical Reviews，2012，112（4）：2015-2041.

[9] Mal P，Breiner B，Nitschke J R，et al. White Phosphorus Is Air-Stable Within a Self-Assembled Tetrahedral Capsule [J]. Science，2009，324（5935）：1697.

[10] Custelcean R. Anion Encapsulation and Dynamics in Self-Assembled Coordination cages [J]. Chemical Society Reviews，2014，43（6）：1813-1824.

[11] Castilla A M，Ramsay W J，Nitschke J R. Stereochemistry in Subcomponent Self-Assembly [J]. Accounts of Chemical Research，2014，47（7）：2063-2073.

[12] Ballester P，Fujita M，Rebek J. Molecular containers [J]. Chemical Society Reviews，2015，44（2）：392-393.

[13] 李康. 多吡啶类含钌（Ⅱ）金属基超分子配合物的设计、组装和性能研究 [D]. 广州：中山大学，2014.

[14] 吴凯. 多吡啶类 M_6L_8 型超分子有机金属笼的组装与性能研究 [D]. 广州：中山大学，2018.

[15] 侯雅君. Pd_6M_8（M＝Fe，Ru，Os）型双/三金属分子笼的组装与性质研究 [D]. 广州：中山大学，2019.

[16] 李超捷. 基于多吡啶类 Pd_4M_8（M＝Ir，Ru）型超分子有机金属笼的组装与性能研究 [D]. 广州：中山大学，2020.

[17] Hasell T，Cooper A I. PorousOrganic Cages：Soluble，Modular and Molecular Pores [J]. Nature Reviews Materials，2016，1（9）.

[18] Wu Z，Lee S，Moore J S. Synthesis of Three-Dimensional Nanoscaffolding [J]. Journal of the American Chemical Society，1992，114（22）：8730-8732.

[19] Koo J，Kim I，Kim Y，et al. Gigantic Porphyrinic Cages [J]. Chem，2020，6（12）：3374-3384.

[20] Bolliger J L，belenguer A M，Nitschke J R. Enantiopure Water-Soluble $[Fe_4L_6]$ Cages：Host-Guest Chemistry and Catalytic Activity [J]. Angewandte Chemie International Edition，2013，52（31）：7958-7962.

[21] Han M，Michel R，He B，et al. Light-Triggered Guest Uptake and Release by a Photochromic Coordination Cage [J]. Angewandte Chemie International Edition，2013，52（4）：1319-1323.

[22] Park J，Sun L B，Chen Y P，et al. Azobenzene-Functionalized Metal-Organic Polyhedra for the Optically Responsive Capture and Release of Guest Molecules [J]. Angewandte Chemie International Edition，2014，53（23）：5842-5846.

[23] Wu K，Li K，Hou Y J，et al. Homochiral D4-Symmetric Metal-Organic Cages from Stereogenic Ru（Ⅱ）Metalloligands for Effective Enantioseparation of Atropisomeric Molecules [J]. Nature Communications，2016，7：10487-10496.

[24] Davis A V，Fiedler D，Ziegler M，et al. Resolution of Chiral，Tetrahedral M_4L_6 Metal-Ligand Hosts [J]. Journal of the American Chemical Society，2007，129（49）：15354-15363.

[25] Chen L，Kang J，Cui H，et al. Homochiral Coordination Cages Assembled from Dinuclear Paddlewheel Nodes and

Enantiopure Ditopic Ligands: Syntheses, Structures and Catalysis [J]. Dalton Transactions, 2015, 44 (27): 12180-12188.

[26] Chen L, Yang T, Cui H, et al. A Porous Metal-Organic Cage Constructed from Dirhodium Paddle-Wheels: Synthesis, Structure and Catalysis [J]. Journal of Materials Chemistry A, 2015, 3 (40): 20201-20209.

[27] Chepelin O, Ujma J, Wu X, et al. Luminescent, Enantiopure, Phenylatopyridine Iridium-Based Coordination Capsules [J]. Journal of the American Chemical Society, 2012, 134 (47): 19334-19337.

[28] Wang Z, Zhou L P, Zhao T H, et al. Hierarchical Self-Assembly and Chiroptical Studies of Luminescent 4d-4f Cages [J]. Inorganic Chemistry, 2018, 57 (13): 7982-7992.

[29] Yan X, Cook T R, Wang P, et al. Highly Emissive Platinum(Ⅱ) Metallacages [J]. Nature Chemistry, 2015, 7: 342-348.

[30] Rota Martir D, Escudero D, Jacquemin D, et al. Homochiral Emissive Λ_8-and Δ_8- $[Ir_8Pd_4]^{16+}$ Supramolecular Cages [J]. Chemistry-A European Journal, 2017, 23 (57): 14358-14366.

[31] Luis E T, Iranmanesh H, Arachchige K S A, et al. Luminescent Tetrahedral Molecular Cages Containing Ruthenium (Ⅱ) Chromophores [J]. Inorganic Chemistry, 2018, 57 (14): 8476-8486.

[32] Rota Martir D, Zysman-Colman E. Photoactive Supramolecular Cages Incorporating Ru(Ⅱ) and Ir(Ⅲ) Metal Complexes [J]. Chemical Communications, 2019, 55 (2): 139-158.

[33] Duriska M B, Neville S M, Moubaraki B, et al. A Nanoscale Molecular Switch Triggered by Thermal, Light, and Guest Perturbation [J]. Angewandte Chemie International Edition, 2009, 48 (14): 2549-2552.

[34] Yang Y, Wu Y, Jia J H, et al. Enantiopure Magnetic Heterometallic Coordination Cubic Cages $[M_8^{II}Cu_6^{II}]$ (M = Ni, Co) [J]. Crystal Growth & Design, 2018, 18 (8): 4555-4561.

[35] Yang D, Zhao J, Yu L, et al. Air-and Light-Stable P_4 and As_4 within an Anion-Coordination-Based Tetrahedral Cage [J]. Journal of the American Chemical Society, 2017, 139 (16): 5946-5951.

[36] Zhang Q, Rinkel J, Goldfuss B, et al. Sesquiterpene Cyclizations Catalysed inside the Resorcinarene Capsule and Application in the Short Synthesis of Isolongifolene and Isolongifolenone [J]. Nature Catalysis, 2018, 1 (8): 609-615.

[37] Zhang K D, Ajami D, Gavette J V, et al. Complexation of Alkyl Groups and Ghrelin in a Deep, Water-Soluble Cavitand [J]. Chemical Communications, 2014, 50 (38): 4895.

[38] Shuichi Hiraoka K H, Motoo Shiro, Mitsuhiko Shionoya. A Self-Assembled Organic Capsule Formed from the Union of Six Hexagram-Shaped Amphiphile Molecules [J]. Journal of the American Chemical Society, 2008, 130: 14368-14369.

[39] Dumele O, Schreib B, Warzok U, et al. Halogen-Bonded Supramolecular Capsules in the Solid State, in Solution, and in the Gas Phase [J]. Angewandte Chemie -International Edition 2017, 56 (4): 1152-1157.

[40] Wang Q Q, Gonell S, Leenders S H, et al. Self-Assembled Nanospheres with Multiple Endohedral Binding Sites Pre-Organize Catalysts and Substrates for Highly Efficient Reactions [J]. Nature Chemistry, 2016, 8 (3): 225-230.

[41] Jiao J, Tan C, Li Z, et al. Design and Assembly of Chiral Coordination Cages for Asymmetric Sequential Reactions [J]. Journal of the American Chemical Society, 2018, 140 (6): 2251-2259.

[42] Castilla A M, Ousaka N, Bilbeisi R A, et al. High-fidelity Stereochemical Memory in a Fe(Ⅱ)$_4$L$_4$ Tetrahedral Capsule [J]. Journal of the American Chemical Society, 2013, 135 (47): 17999-18006.

[43] Zhou Y, Li H, Zhu T, et al. A Highly Luminescent Chiral Tetrahedral Eu$_4$L$_4$ (L′)$_4$ Cage: Chirality Induction, Chirality Memory, and Circularly Polarized Luminescence [J]. Journal of the American Chemical Society, 2019, 141 (50): 19634-19643.

[44] Wu K, Li K, Chen S, et al. The Redox Coupling Effect in a Photocatalytic Ru^{II}-Pd^{II} Cage with TTF Guest as Electron Relay Mediator for Visible-Light Hydrogen-Evolving Promotion [J]. Angewandte Chemie International Edition, 2020, 59 (7): 2639-2643.

[45] Ichijo T, Sato S, Fujita M. Size-, Mass-, and Density-Controlled Preparation of TiO_2 Nanoparticles in a Spherical Coordination Template [J]. Journal of the American Chemical Society, 2013, 135 (18): 6786-6789.

[46] Yan X, Wei P, Liu Y, et al. Endo-and Exo-Functionalized Tetraphenylethylene $M_{12}L_{24}$ Nanospheres: Fluorescence Emission inside a Confined Space [J]. Journal of the American Chemical Society, 2019, 141 (24): 9673-9679.

[47] Takezawa H, Akiba S, Murase T, et al. Cavity-Directed Chromism of Phthalein Dyes [J]. Journal of the American Chemical Society, 2015, 137 (22): 7043-7046.

[48] Yoshizawa M, Tamura M, Fujita M. Diels-Alder in Aqueous Molecular Hosts: Unusual Regioselectivity and Efficient Catalysis [J]. Science, 2006, 312 (5771): 251-254.

[49] Takezawa H, Shitozawa K, Fujita M. Enhanced Reactivity of Twisted Amides inside a Molecular Cage [J]. Nature Chemistry, 2020, 12 (6): 574-578.

[50] Pluth M D, Bergman R G, Raymond K N. Acid Catalysis in Basic Solution: A Supramolecular Host Promotes Orthoformate Hydrolysis [J]. Science, 2007, 316 (5821): 85-88.

[51] Yamashina M, Tanaka Y, Lavendomme R, et al. An Antiaromatic-Walled Nanospace [J]. Nature, 2019, 574 (7779): 511-515.

[52] Wu H B, Wang Q M. Construction of Heterometallic Cages with Tripodal Metalloligands [J]. Angewandte Chemie-International Edition, 2009, 48 (40): 7343-7345.

[53] Li K, Zhang L Y, Yan C, et al. Stepwise Assembly of $Pd_6(RuL_3)_8$ Nanoscale Rhombododecahedral Metal-Organic Cages via Metalloligand Strategy for Guest Trapping and Protection [J]. Journal of the American Chemical Society, 2014, 136 (12): 4456-4459.

[54] Metherell A J, Ward M D. Stepwise Synthesis of a Ru_4Cd_4 Coordination Cage Using Inert and Labile Subcomponents: Introduction of Redox Activity at Specific Sites [J]. Chemical Communications, 2014, 50 (48): 6330-6332.

[55] Northrop B H, Zheng Y R, Chi K W, et al. Self-Organization in Coordination-Driven Self-Assembly [J]. Accounts of Chemical Research, 2009, 42 (10): 1554-1563.

[56] Saalfrank R W, Demleitner B, Glaser H, et al. Enantiomerisation of Tetrahedral Homochiral $[M_4L_6]$ Clusters: Synchronised four Bailar Twists and Six Atropenantiomerisation Processes Monitored by Temperature-Dependent Dynamic ^{1}H NMR Spectroscopy [J]. Chemistry-A European Journal, 2002, 8 (12): 2679-2683.

[57] Wu K, Li K, Hou Y J, et al. Homochiral D_4-Symmetric Metal-Organic Cages from Stereogenic Ru(Ⅱ) Metalloligands for Effective Enantioseparation of Atropisomeric Molecules [J]. Nature Communications, 2016, 7 (1): 10487.

[58] Hou Y J, Wu K, Wei Z, et al. Design and Enantioresolution of Homochiral Fe(Ⅱ)-Pd(Ⅱ) Coordination Cages from Stereolabile Metalloligands: Stereochemical Stability and Enantioselective Separation [J]. Journal of the American Chemical Society, 2018, 140 (51): 18183-18191.

[59] Gardner J S, Harrison R G, Lamb J D, et al. Sonic Spray Ionization Mass Spectrometry: A Powerful Tool Used to Characterize Fragile Metal-Assembled Cages [J]. New Journal of Chemistry, 2006, 30 (9): 1276.

[60] Shigeru Sakamoto M Y, Takahiro Kusukawa, Makoto Fujita, et al. Characterization of Encapsulating Supramolecules by Using CSI-MS with Ionization-Promoting Reagents [J]. Organic Letters, 2001, 3 (11): 1601-1604.

[61] Yu H, Wang J, Guo X, et al. Diversity of Metal-Organic Macrocycles Assembled from Carbazole Based Ligands with Different Lengths [J]. Dalton Transactions, 2018, 47 (12): 4040-4044.

[62] Zhang Z, Li Y M, Song B, et al. Intra-and Intermolecular Self-assembly of a 20-nm-Wide Supramolecular Hexagonal Grid [J]. Nature Chemistry, 2020, 12 (6): 579.

[63] Guo J, Xu Y W, Li K, et al. Regio-and Enantioselective Photodimerization within the Confined Space of a Homochiral Ruthenium/Palladium Heterometallic Coordination Cage [J]. Angewandte Chemie International Edition, 2017, 56 (14): 3852-3856.

[64] Chen S, Li K, Zhao F, et al. A Metal-Organic Cage Incorporating Multiple Light Harvesting and Catalytic Centres for Photochemical Hydrogen Production [J]. Nature Communications, 2016, 7: 13169-13176.

[65] Zhu C Y, Pan M, Su C Y. Metal-Organic Cages for Biomedical Applications [J]. Israel Journal of Chemistry, 2019, 59 (3-4): 209-219.

[66] Li C J, Wang Y P, Lu Y L, et al. An Iridium(Ⅲ)-Palladium(Ⅱ) Metal-Organic Cage for Efficient Mitochondria-Targeted Photodynamic Therapy [J]. Chinese Chemical Letters, 2020, 31 (5): 1183-1187.

[67] Zheng Y R, Suntharalingam K, Johnstone T C, et al. Encapsulation of Pt(Ⅳ) Prodrugs within a Pt(Ⅱ) Cage for Drug Delivery [J]. Chemical Science, 2015, 6 (2): 1189-1193.

[68] Wang Y P, Wu K, Pan M, et al. One-/Two-Photon Excited Cell Membrane Imaging and Tracking by a Photoactive

Nanocage [J]. ACS Applied Materials & Interfaces，2020，12（32）：35873-35881.

［69］ Ajami D，Rebek J. Gas Behavior in Self-Assembled Capsules [J]. Angewandte Chemie International Edition，2008，47（32）：6059-6061.

［70］ Liu Y，Zhao W，Chen C H，et al. Chloride Capture Using a C-H Hydrogen-bonding Cage [J]. Science，2019，365（6449）：159-161.

第2章　有机金属笼（MOC-16）的合成与表征实验

实验1　微波法合成 $[Ru(phen)_3]Cl_2$

【实验目的】

1. 学习微波合成的原理和特点。
2. 了解微波反应器的构造和操作方法。
3. 掌握 Ru 配合物的微波合成技术及核磁表征方法。

【实验原理】

1. 微波合成的原理和特点

微波是频率在 300MHz～300GHz 范围内的电磁波。在高频电磁场作用下，极性分子从原来的随机分布状态转向依照电磁场的极性排列取向。这些取向按照交变电磁场的频率不断变化。这一过程造成分子的运动和相互摩擦，从而产生热量，同时这些吸收了能量的极性分子在与周围其他分子的碰撞中把能量传递给其他分子使介质温度升高。与传统加热相比，微波加热是物体吸收微波后自身发热。加热从物体内部、外部同时开始，能做到里外同时加热，加热均匀、速度快，体现出节能、环保等诸多特点。大多数有机化合物、极性无机盐及含水物质能很好地吸收微波获得高热效应；而玻璃、陶瓷、聚乙烯、聚丙烯和聚四氟乙烯等在微波场中的热效应极小，可以屏蔽微波，用作反应器材料和支承物。

微波合成是指在微波的条件下，利用其加热快速、均质与选择性等优点，应用于现代有机/无机合成研究中的技术。1986 年，Gedye 及其同事发现，在微波中进行的 4-氰基酚盐与苯甲基氯的反应比传统加热回流要快 240 倍，这一发现引起人们对微波加速有机反应的广泛注意。自此之后，微波促进有机合成的研究成为有机化学领域中的一个热点。大量的实验研究表明，借助微波技术进行有机反应，反应速度较传统的加热方法快数十倍甚至上千倍，且具有操作简便、产率高及产品易纯化、安全卫生等特点。

2. $[Ru(phen)_3]Cl_2$ 的微波合成反应路径

$[Ru(phen)_3]Cl_2$ 的微波合成反应路径见图 1。

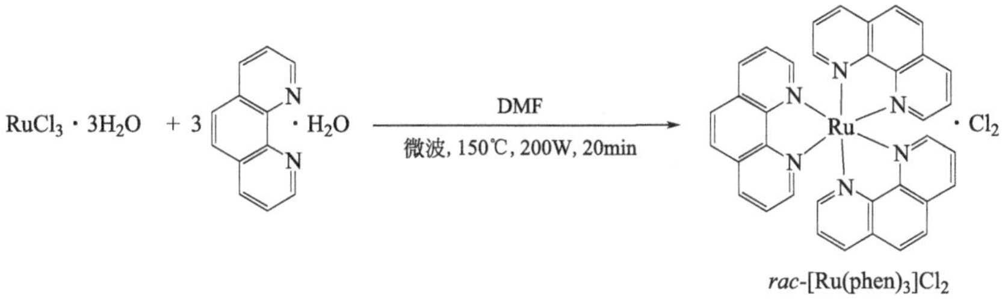

图 1 ［Ru(phen)₃］Cl₂ 的微波合成反应路径

【仪器试剂】

1. 仪器：微波反应器，超声波机，离心机，1000μL 移液枪，50mL 圆底烧瓶，100mL 烧杯，微波专用空气冷凝管，核磁管等。

2. 试剂：$RuCl_3 \cdot 3H_2O$，一水合邻菲罗啉，DMF，乙醚，乙腈：甲醇＝1：1（v/v）的混合液，DMSO-d_6 等。

【实验步骤】

1. ［Ru(phen)₃］Cl₂ 的合成

称取 $RuCl_3 \cdot 3H_2O$ 261.4mg（1mmol）、一水合邻菲罗啉 600.0mg（3.03mmol），倒入 50mL 圆底烧瓶中，加入 10mL DMF，超声的同时不停摇晃，直到无大的黑色颗粒。放入微波反应器，插上空气冷凝管，设置反应温度 150℃，输出功率 200W，反应时间 20min。

2. 产物的后处理

反应结束后，待温度降至室温，取出圆底烧瓶，将反应液移至 10mL 离心管中离心。清液倒入 100mL 烧杯中，加入约 20mL 乙醚，即刻产生大量的橙黄色沉淀，夹杂一些黑色颗粒。离心除去清液，所得沉淀用约 10mL 乙腈：甲醇＝1：1（v/v）的混合液溶解。溶液离心，弃去沉淀，将上清液倒入 100mL 烧杯中，加入约 50mL 乙醚，产生大量橙黄色沉淀。离心除去上清液，沉淀用少量乙醚洗涤 3 次，烘干得橙黄色粉末。

3. 利用核磁共振氢谱对产物进行表征

取约 2mg 产物于 1.5mL 离心管中，用 1000μL 移液枪加入 500μL DMSO-d_6。完全溶解后，把清液转移到核磁管中，盖上核磁管帽，贴上标签，在标签上注明待测物、所用氘代试剂、日期。测试核磁共振氢谱。

【数据处理】

1. 产物烘干后称得产量，并根据原料 $RuCl_3 \cdot 3H_2O$ 的用量计算产率。

2. 对核磁共振氢谱峰的化学位移、裂分数和积分比值进行归属。

【注意事项】

微波反应时溶液不宜超过反应容器的 1/3。

【思考题】

1. 为什么实际的邻菲罗啉用量要略高于理论用量？

2. 为什么第一次加入乙醚时会有黑色的颗粒，用乙腈：甲醇＝1：1（v/v）的混合液溶解后再加入乙醚，所得沉淀就没有黑色颗粒？

参考文献

[1] Kappe C O，Stadler A，Dallinger D. Microwaves in Organic and Medicinal Chemistry [M]. 2nd ed. Weinheim：Wiley-VCH，2012.

[2] Li K，Zhang L Y，Yan C，et al. Stepwise Assembly of $Pd_6(RuL_3)_8$ Nanoscale Rhombododecahedral Metal-Organic Cages via Metalloligand Strategy for Guest Trapping and Protection [J]. Journal of the American Chemical Society，2014，136：4456-4459.

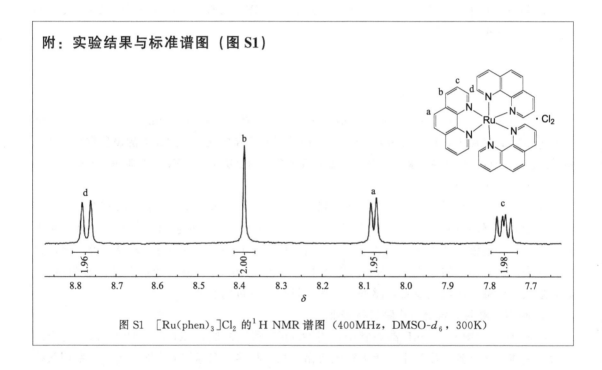

附：实验结果与标准谱图（图 S1）

图 S1 $[Ru(phen)_3]Cl_2$ 的 ^1H NMR 谱图（400MHz，DMSO-d_6，300K）

实验 2　用酒石酸锑钾对 $[Ru(phen)_3]Cl_2$ 进行手性拆分

【实验目的】

1. 了解手性的概念，以及 $[Ru(phen)_3]Cl_2$ 的手性是怎么产生的。

2. 学习用酒石酸锑钾对 $[Ru(phen)_3]Cl_2$ 进行手性拆分的原理和方法。

【实验原理】

1. 手性的概念

若一个分子与其镜像分子不能重叠，则该分子与其镜像分子互为对映体，它们的关系如同左右手一样，故称二者具有相反的手性，这个分子即为手性分子。一对对映异构体的物理性质均相同，化学性质也颇为相似，但它们使平面偏振光旋转的方向不同，产生左旋（L-）或右旋（D-），因此又称旋光异构。大多数手性八面体配合物的绝对构型可用符号 Δ（右手螺旋）或 Λ（左手螺旋）表示。但纯手性化合物的旋光方向不仅与分子的绝对构型有关，而且受溶剂、浓度、温度和实验测定时所用的偏振光波长等因素的影响。

外消旋体：对映异构体等量的混合物或化合物，它不能使入射偏振光平面旋转，常用前缀符号 *rac*-或（±）-表示。

内消旋构型：分子或离子中存在一对以上的相反手性中心的构型，但由于分子存在对称面 σ 或对称中心 *i*，整体上不表现出光学活性，常用前缀符号 *meso*-表示。

2. 手性八面体配合物的绝对构型判定

判定方法通常有以下两种：

（1）左右手法定绝对构型（以 ［M(aa)₃］ 结构的八面体配合物为例）

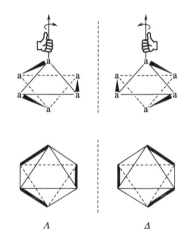

（2）简易法定绝对构型

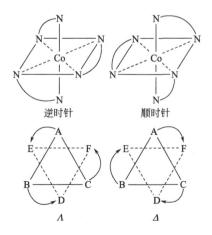

如 [Co(en)$_3$]$^{3+}$：选取八面体一对相互平行的合适的三角形平面，以 Co(Ⅲ) 为中心画成投影图，然后按配合物的确定构型联结双齿配体乙二胺（en）的螯合物位置。螯环的联结方向规定为：由前面三角形（图中以实线画出）的顶点到后面三角形（以虚线画出）的顶点，联结方向为顺时针，则为 Δ 构型，逆时针，则为 Λ 构型。

3. 用酒石酸锑钾对 [Ru(phen)$_3$]Cl$_2$ 进行手性拆分的原理

在水溶液中，酒石酸锑钾只会和 Λ-[Ru(phen)$_3$]Cl$_2$ 产生沉淀，而 Δ-[Ru(phen)$_3$]Cl$_2$ 会留在水溶液中，利用这个特殊的性质，可以实现对 [Ru(phen)$_3$]Cl$_2$ 进行手性拆分（图 1）。

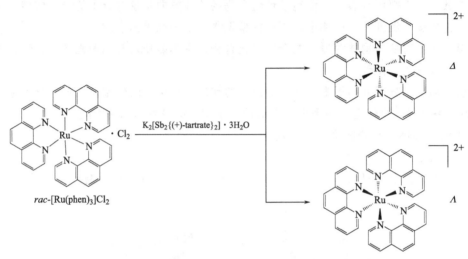

图 1　利用酒石酸锑钾对 [Ru(phen)$_3$]Cl$_2$ 进行手性拆分

【仪器试剂】

1. 仪器：油浴锅，搅拌加热器，10mL 圆底烧瓶，50mL 烧杯，离心机等。

2. 试剂：[Ru(phen)$_3$]Cl$_2$，K$_2$[Sb$_2${(＋)-tartrate}$_2$]·3H$_2$O，超纯水，饱和 KPF$_6$ 水溶液，0.05mol/L 氢氧化钠水溶液等。

【实验步骤】

1. Δ-[Ru(phen)$_3$](PF$_6$)$_2$ 的合成

在 10mL 的圆底烧瓶中放入 35.7mg 消旋的 [Ru(phen)$_3$]Cl$_2$，70℃加热搅拌下用 2.5mL 的超纯水溶解，完全溶解后，缓慢滴加用 1.5mL 热水溶解 33.4mg 酒石酸锑钾的水溶液，慢慢出现橙红色的沉淀，70℃反应 1h 后，冷却至室温，静置 1h。离心，保留沉淀，上清液倒入 50mL 的烧杯中。向上清液中加入 10mL 饱和 KPF$_6$ 水溶液，产生大量橙黄色沉淀，离心，沉淀用超纯水洗涤三次，每次用水 10mL，烘干，得橙黄色 Δ-[Ru(Phen)$_3$](PF$_6$)$_2$。

2. Λ-[Ru(phen)$_3$](PF$_6$)$_2$ 的合成

上步获得的橙红色沉淀用 3mL 热水洗涤除去右旋产物，洗涤后的沉淀倒入 10mL 浓度为 0.05mol/L 的氢氧化钠水溶液中，80℃加热搅拌约 10min，出现大量白色沉淀。离心，上清液转移到 50mL 的烧杯中，加入约 20mL 的饱和 KPF$_6$ 水溶液，产生大量橙黄色沉淀，离心，沉淀用超纯水洗涤三次，每次用水 10mL，烘干，得橙黄色 $\varLambda$-$[Ru(phen)_3](PF_6)_2$。

【数据处理】

分别称量 $\varDelta$-$[Ru(phen)_3](PF_6)_2$ 和 $\varLambda$-$[Ru(phen)_3](PF_6)_2$ 的质量，计算产率。

【注意事项】

1. 滴加 $K_2[Sb_2\{(+)\text{-}tartrate\}_2]\cdot 3H_2O$ 水溶液时不能太快，防止沉淀中包裹着 $\varDelta$-$[Ru(phen)_3]Cl_2$。

2. 第一步反应完之后要静置 1h，不能马上处理。

【思考题】

1. 为什么酒石酸锑钾只和 $\varLambda$-$[Ru(phen)_3]Cl_2$ 产生沉淀？

2. 为什么可以得到单一手性的 $\varLambda$-$[Ru(phen)_3](PF_6)_2$ 和 $\varDelta$-$[Ru(phen)_3](PF_6)_2$，而没有出现金属离子和配体交换，进而导致组装过程对映异构体之间发生转化，最终得到消旋的产物？

3. 可以用哪些方法证明所得产物的手性？

参考文献

［1］ Wu K，Li K，Hou Y J，et al. Homochiral D_4-symmetric metal-organic cages from stereogenic Ru(Ⅱ) metalloligands for effective enantioseparation of atropisomeric molecules [J]. Nature Communication，2016，7：10487.

［2］ Luo Q，Shen M，Dai A. Nomenclature of the absolute figuration of chirality isomer in coordination compounds [J]. China Terminology，1985，0（2）：11-17.

实验 3　金属配体 RuL₃ 的合成

【实验目的】

1. 掌握制备有机配体 L 和金属配体 RuL₃ 的两种方法。

2. 学习一维核磁共振氢谱的实验操作。

3. 了解金属配合物的核磁共振氢谱的分析方法及谱图解析。

【实验原理】

1. Debus-Radziszewski 咪唑合成反应

1,2-二羰基化合物、氨和醛进行三组分缩合得到咪唑的反应。此反应以 Heinrich Debus 和 Bronisław Leonard Radziszewski 命名（图1）。

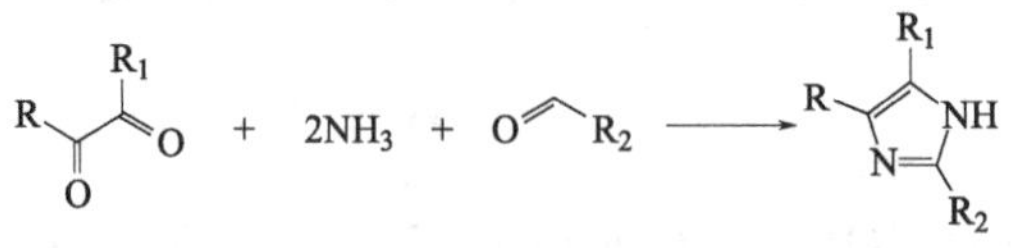

图 1 Debus-Radziszewski 咪唑合成反应

此反应分为两个过程进行，首先二羰基化合物先和氨（胺）反应形成双亚胺化合物，接着双亚胺化合物再和醛缩合得到产物（图 2）。

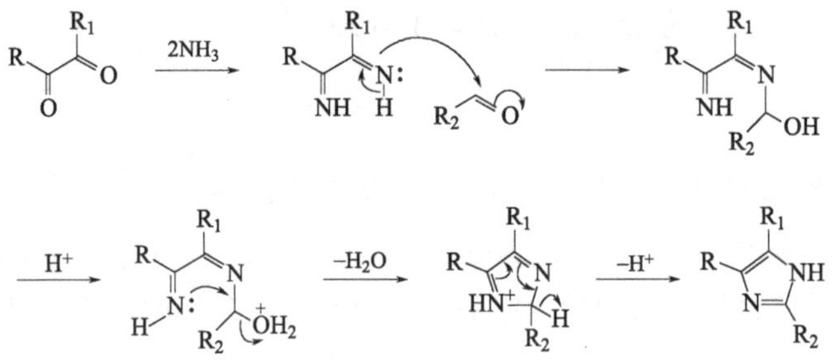

图 2 Debus-Radziszewski 咪唑合成反应机理示意图

根据上述反应原理，本实验使用两种方法合成 Ru（Ⅱ）金属有机化合物作为金属配体。

2. Ru 金属配体

以金属有机化合物（配合物）取代传统的有机配体来组装超分子配合物，或者借鉴金属有机化合物的结构特征，用一些有机分子化学作用位点先稳定一个金属中心作为配体，再用空的反应位点进行二次组装。这种用来组装超分子配合物的策略被称为金属配体组装策略（Metalloligand Strategy）。

相比于传统的超分子配合物，金属配体组装策略主要有两点优势：第一，提高了超分子配合物的结构可控性和可预测性，因为在二次组装过程中，金属配体的组成和构型一般是比较稳定的，不会轻易发生变化，只需要考虑第二金属端连接点的问题；第二，金属配体本身具有的丰富的物理化学性质使超分子配合物具有更强的功能化特点，增强了其应用性和功能可设计性。近年来，科学家们已经利用金属配体策略组装得到了各种各样的功能化超分子配合物。

其中，金属钌配合物具有优良的结构稳定性，以及丰富的光学、电学、生物学等性能，在发光、催化、抗肿瘤等不同方向展现出巨大的应用前景。在本实验中，设计一种三脚架型金属钌（Ⅱ）配合物，以其作为金属配体来进一步组装所需的配位超分子笼。

【仪器试剂】

1. 仪器：Bruker AVANCE Ⅲ型 400MHz 超导核磁共振谱仪（德国布鲁克公司），5mm 核磁管，微波反应器，离心机等。

2. 试剂：$RuCl_3 \cdot 3H_2O$，1,10-邻菲罗啉-5,6-二酮，吡啶-3-甲醛，乙酸铵，冰醋酸，乙二醇，$NaBF_4$，氘代二甲基亚砜（DMSO-d_6）等。

【实验步骤】

1. 方法一

见图 3。

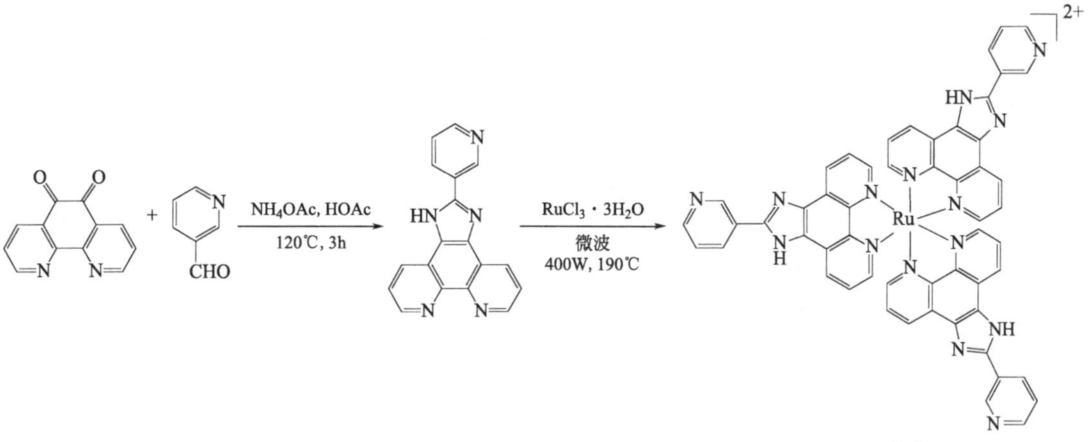

图 3　金属配体 RuL$_3$ 的合成路线（方法一）

（1）L 的合成　将 1,10-邻菲罗啉-5,6-二酮（10mmol，2.1g）和乙酸铵（200mmol，15.4g）加入到 100mL 的单口圆底烧瓶中，然后加入 40mL 冰醋酸，在 120℃油浴中加热约 10min，溶解至澄清的溶液。向其中加入吡啶-3-甲醛 1.59mL（17mmol，1.819g），120℃反应 3h。反应液转移到 200mL 的烧杯中，加入 100mL 蒸馏水，冷却至室温。磁力搅拌下，加入浓氨水中和至 pH＝7 左右，出现大量黄色的沉淀，抽滤，蒸馏水洗涤三次后，置于 100℃烘箱中烘干，得到 2.6g 固体，产率 85%。

（2）RuL$_3$ 的合成　在 100mL 的微波反应器中加入 RuCl$_3$·3H$_2$O（1.4mmol，367mg）和 L（4mmol，1.188g），然后加入 60mL 乙二醇。磁力搅拌下微波反应（400W，190℃）10min，冷却后将反应液离心，清液用 20mL 蒸馏水稀释。向其中加入过量的 NaBF$_4$ 饱和溶液后析出大量的橘红色沉淀，沉淀离心后用蒸馏水洗涤三次，然后用甲醇萃取，萃取液旋干后得橙红色的固体 808mg，产率 52%。

2. 方法二

见图 4。

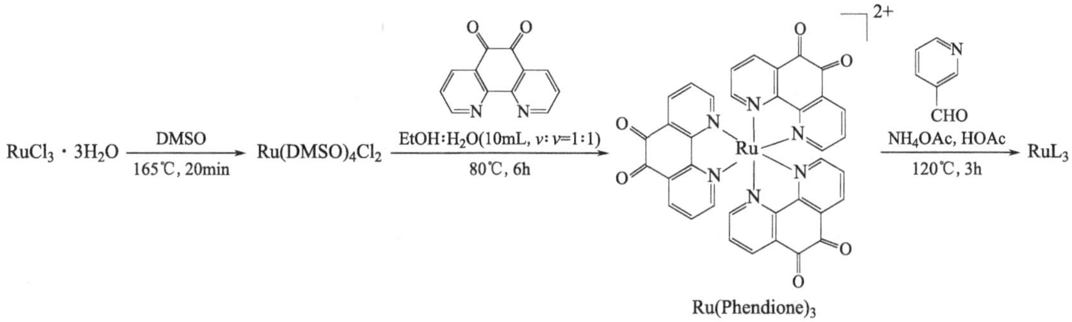

图 4　金属配体 RuL$_3$ 的合成路线（方法二）

（1）Ru(DMSO)$_4$Cl$_2$ 的合成　将 RuCl$_3$·3H$_2$O（1.6mmol，0.42g）加入到 5mL DM-SO 中，在 165℃ 下加热反应 20min，溶液颜色由深红色变为浅绿色，停止反应，冷却，放置一段时间，烧瓶底部有黄色晶体析出，过滤，晶体用丙酮、乙醚洗涤，干燥，最终得产物 0.32g，产率为 70%。

（2）Ru(Phendione)$_3$ 的合成　在 25mL 圆底烧瓶中，加入 Ru(DMSO)$_4$Cl$_2$（0.86mmol，305mg）和 1,10-邻菲罗啉-5,6-二酮（2.40mmol，500mg），最后将 10mL 体积比为 1:1 的乙醇和水的混合溶剂加入，磁力搅拌下反应回流 6h。冷却，离心除去反应液中的不溶物，母液旋干，真空干燥，得最终产物 580mg，产率为 77%。

（3）RuL$_3$ 的合成　在 50mL 圆底烧瓶中，加入 Ru(Phendione)$_3$（0.31mmol，250mg），吡啶-3-甲醛（0.93mmol，124mg），乙酸铵（26mmol，2g）和 20mL 冰醋酸，反应搅拌回流 3h，冷却，将反应液倒入 50mL 水中，有少量沉淀析出。用氨水调节溶液 pH 值至中性，加入少量饱和 NaBF$_4$ 溶液，至有大量沉淀析出，继续搅拌 0.5h，抽滤，用少量乙醇洗涤，干燥。粗产物用 200mL 体积比为 1:1 的甲醇和乙腈混合溶剂萃取，旋干，得 200mg 最终产物，产率为 53%。

3. 测试所得到的 L、Ru(Phendione)$_3$ 和 RuL$_3$ 的核磁共振氢谱。

【数据处理】

对核磁数据进行相位校正，选取 DMSO-d_6 作为定标基准，并设定为 2.5ppm（1ppm＝$1×10^{-6}$）。对所有峰进行积分，标峰，并进行归属。

【注意事项】

1. 乙二醇沸点较高，使用微波反应器回流时应使用空气冷凝管。
2. 制备 Ru(DMSO)$_4$Cl$_2$ 时，加入 DMSO 的量不宜过多，否则产物难以析出。

【思考题】

1. 为什么向反应完的溶液中加入 NaBF$_4$ 的饱和溶液后能够析出沉淀？
2. 配合物的提纯方法有哪些？

参考文献

[1] Debus H. Ueber die Einwirkung des Ammoniaks auf Glyoxal [J]. Justus Liebigs Annalen der Chemie, 1858，107（2）：199-208.

[2] Radzisewski B. Ueber Glyoxalin und seine Homologe [J]. Berichte der deutschen chemischen Gesellschaft, 1882，15（2）：2706-2708.

[3] 李康. 多吡啶类含钌（Ⅱ）金属基超分子配合物的设计、组装和性能研究 [D]. 广州：中山大学，2014.

[4] 吴凯. 多吡啶类 M$_6$L$_8$ 型超分子有机金属笼的组装与性能研究 [D]. 广州：中山大学，2018.

[5] Leveque J，Elias B，Moucheron C，et al. Dendritic Tetranuclear Ru（Ⅱ）Complexes Based on the Nonsymmetrical PHEHAT Bridging Ligand and Their Building Blocks：Synthesis，Characterization，and Electrochemical and Photophysical Properties [J]. Inorganic Chemistry，2005，44（2）：393-400.

附：实验结果与标准谱图（图 S1～S3）

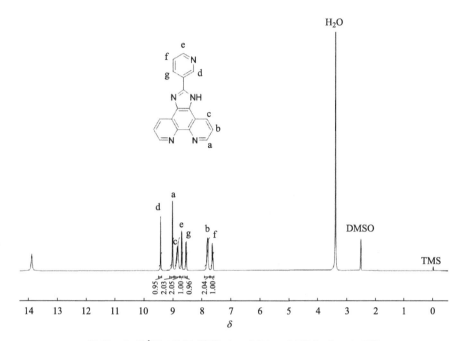

图 S1　L 的 ^{1}H NMR 谱图（400MHz，DMSO-d_6，298K）

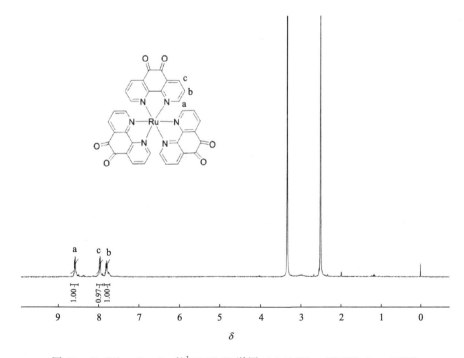

图 S2　Ru(Phendione)$_3$ 的 ^{1}H NMR 谱图（400MHz，DMSO-d_6，298K）

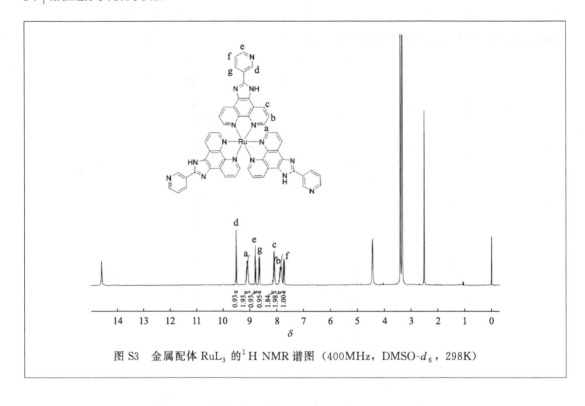

图 S3　金属配体 RuL_3 的 ^1H NMR 谱图（400MHz，DMSO-d_6，298K）

实验 4　手性金属配体 RuL_3 的合成

【实验目的】

1. 学习手性 Ru 金属配体的制备与拆分方法。
2. 掌握金属配合物的核磁共振氢谱的分析方法及谱图解析。

【实验原理】

设计具有立体构型稳定性金属中心的金属配体，是构筑单一手性分子笼的一种方法。其中，D_3 对称性的 $[Ru(bpy)_3]^{2+}$ 或 $[Ru(phen)_3]^{2+}$ 型配合物的立体化学已经被研究得很深入，并且广泛应用于 DNA 相互作用、不对称催化和手性超分子的组装。鉴于这种六配位 Ru 八面体金属中心的立体构型具有在溶液组装和结晶过程中的高稳定性，在本实验中，将预先构筑手性 Ru 金属配体，以进一步用于控制组装单一手性的配位超分子笼。

在本章实验 2 中，用 $K_2[Sb_2\{(+)\text{-tartrate}\}_2]\cdot 3H_2O$ 作为拆分剂，对消旋的 $rac\text{-}[Ru(Phen)_3]^{2+}$ 进行拆分得到一对对映异构体 $\Delta\text{-}1$ 和 $\Lambda\text{-}1$。在该实验中，将 $\Delta\text{-}1$ 和 $\Lambda\text{-}1$ 氧化后得到 $\Delta\text{-}[Ru(Phendione)_3]^{2+}$ 和 $\Lambda\text{-}[Ru(Phendione)_3]^{2+}$（$\Delta\text{-}2$ 和 $\Lambda\text{-}2$），进一步地将 $\Delta/\Lambda\text{-}2$ 与吡啶-3-甲醛反应，得到一对对映异构的金属配体 $\Delta/\Lambda\text{-}RuL_3$（$\Delta/\Lambda\text{-}3$）（图 1）。

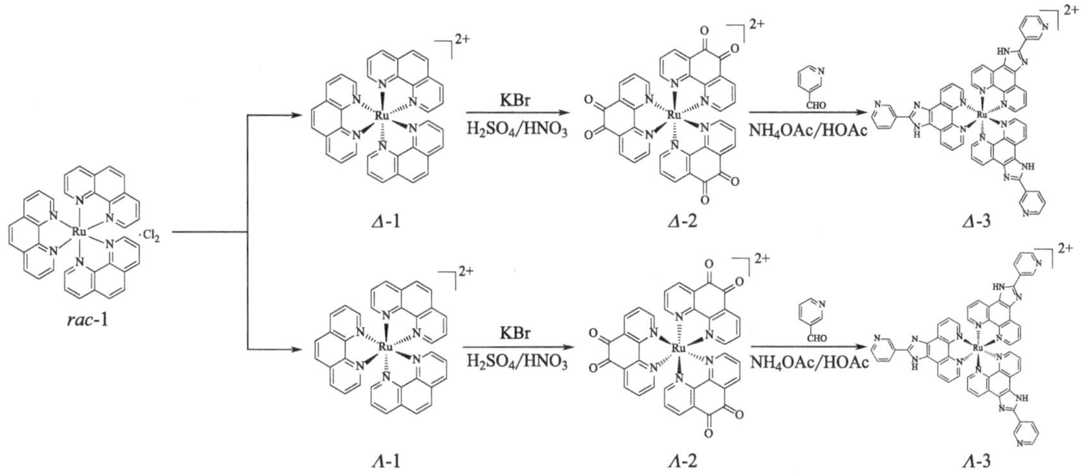

图 1　手性金属配体 $\Delta/\Lambda\text{-RuL}_3$（$\Delta/\Lambda$-3）的合成路线

【仪器试剂】

1. 仪器：Bruker AVANCE Ⅲ型 400MHz 超导核磁共振谱仪（德国布鲁克公司），5mm 核磁管等。

2. 试剂：吡啶-3-甲醛，乙酸铵，冰醋酸，NaBr，65％浓硝酸，98％浓硫酸，浓氨水，氘代二甲基亚砜（DMSO-d_6）等。

【实验步骤】

1. $\Delta\text{-}/\Lambda\text{-}[\text{Ru(Phendione)}_3]^{2+}$（$\Delta/\Lambda$-2）的合成

（1）$\Delta\text{-Ru}[(\text{Phendione})_3](\text{BF}_4)_2$（$\Delta$-2-BF$_4$）

Δ-1-BF$_4$（0.5mmol，0.43g）称于 25mL 的圆底烧瓶中，冰水浴下逐滴加入 5mL 冷的 98％的浓硫酸，搅拌溶解后再加入 0.25g NaBr。反应液升到室温，逐滴加入 2.5mL 的 65％的浓硝酸。在 100℃下，磁力搅拌反应 20min，得到橄榄绿色的溶液。反应过程中产生的棕红色气体用氮气吹到尾气吸收装置中。然后将反应液倒入 NaBF$_4$ 的水溶液（10g 溶解在 15mL 水）中，立刻生成深棕色的沉淀。加水稀释到 100mL 后，反应液置于冰箱中放置过夜。抽滤，沉淀水洗三次，真空干燥得到深黑色粉末 340mg，产率 73％。

（2）$\Lambda\text{-}[\text{Ru(Phendione)}_3](\text{BF}_4)_2$（$\Lambda$-2-BF$_4$）

Λ-2-BF$_4$ 的合成与 Δ-2-BF$_4$ 类似，将起始原料换成 Λ-1-BF$_4$，产率 86％。

2. $\Delta/\Lambda\text{-}[\text{RuL}_3](\text{BF}_4)_2$（$\Delta/\Lambda$-3）的合成

（1）$\Delta\text{-}[\text{RuL}_3](\text{BF}_4)_2$（$\Delta$-3-BF$_4$）

Δ-2-BF$_4$（0.1mmol，93mg）和乙酸铵（5.2mmol，400mg）溶解在 4mL 水醋酸中，滴加吡啶-3-甲醛（0.5mmol，54mg）。100℃搅拌反应 3h 后，将溶液倒入 4mL 水中，浓氨水中和得到棕色的沉淀。离心后沉淀水洗三次，甲醇萃取两次，萃取液旋干得到产物 15mg，产率 13％。

（2）$\Lambda\text{-}[\text{RuL}_3]$（BF$_4$）$_2$（$\Lambda$-3-BF$_4$）

Λ-3-BF$_4$ 的合成与 Δ-3-BF$_4$ 类似，将起始原料换成 Λ-2-BF$_4$，得到产物 18mg，产率 15％。

3. 测试产物的核磁氢谱

【数据处理】

对核磁数据进行相位校正，选取 DMSO-d_6 作为定标基准，并设定为 2.5ppm。对所有峰进行积分，标峰，并进行归属。

【注意事项】

1. 氧化过程中生成液溴，有着极强烈的毒害性与腐蚀性，需用 NaOH 溶液做尾气吸收装置。

2. 加入浓硝酸后需立即开始记录时间，反应时间控制在 15～20min。

【思考题】

1. 立体异构体如何分类？如何判断八面体化合物的绝对构型？

2. 查阅文献，是否有其他将 Δ/Λ-1 氧化为 Δ/Λ-2 的方法？

3. 为什么六配位的 Ru 八面体金属中心的立体构型稳定性高？

参考文献

[1] 章慧. 配位化学：原理和应用 [M]. 北京：化学工业出版社，2009.

[2] 吴凯. 多吡啶类 M_6L_8 型超分子有机金属笼的组装与性能研究 [D]. 广州：中山大学，2018.

附：实验结果与标准谱图（图 S1～S4）

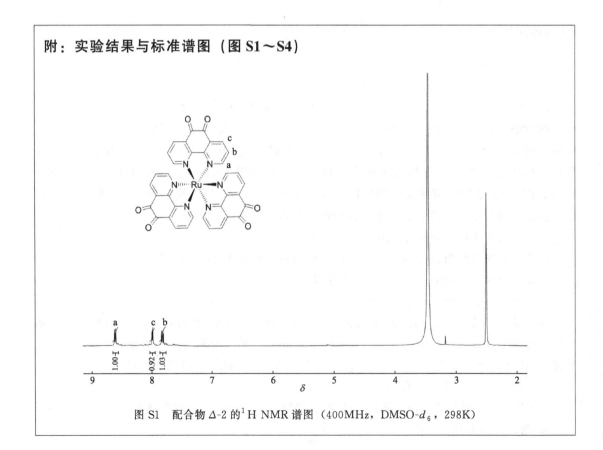

图 S1　配合物 Δ-2 的 ^{1}H NMR 谱图（400MHz，DMSO-d_6，298K）

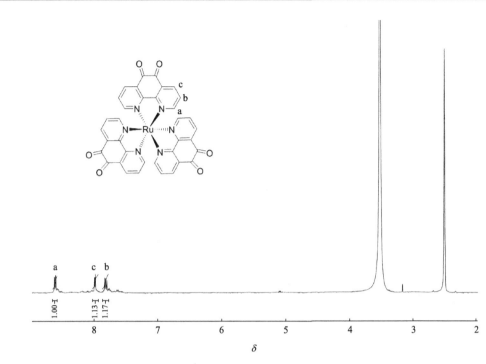

图 S2　配合物 Λ-2 的 ^{1}H NMR 谱图（400MHz，DMSO-d_6，298K）

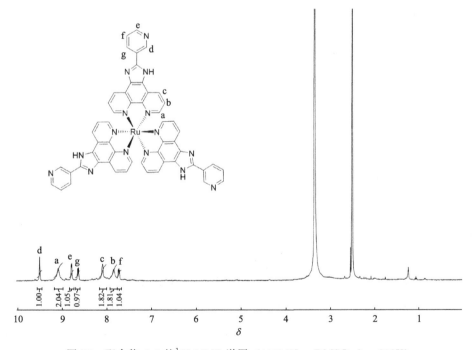

图 S3　配合物 Δ-3 的 ^{1}H NMR 谱图（400MHz，DMSO-d_6，298K）

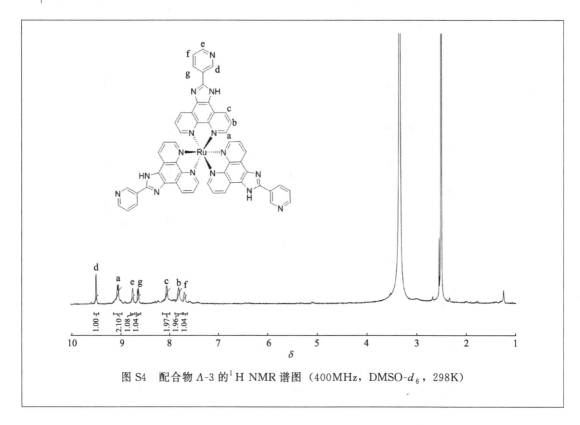

图 S4　配合物 Λ-3 的 ^{1}H NMR 谱图 （400MHz，DMSO-d_6，298K）

实验 5　有机金属笼 MOC-16 的制备

【实验目的】

1. 学习离心机和真空干燥器的使用方法。
2. 掌握有机金属笼 MOC-16 的制备原理和方法。

【实验原理】

有机金属配位超分子笼，简称有机金属笼（MOC），是由有机连接体和金属离子构筑的一类超分子配合物。特殊的分立构型和限域空穴赋予了其特有的功能特性，可以应用于分离、稳定活性中间体、催化、传感及离子交换等领域。近年来，利用金属配体策略（Metalloligand Strategy）组装具有结构可控性和可预测性，以及丰富物理化学性质的配位超分子笼的研究得到了重要的发展。

钌配合物具有毒性低，热力学稳定性好，光化学、光物理信息丰富，激发态反应活性高和寿命长及发光性能良好等特点，因此被广泛应用于光电、催化、磁学、抗肿瘤等领域。将钌配合物作为金属配体，引入到超分子有机金属笼的设计合成，既可以利用分子笼独特的限域空间，又能将钌配合物的优势赋予分子笼，使两者相辅相成。本实验利用 Ru 金属配体 RuL$_3$(BF$_4$)$_2$（简称 RuL$_3$）与金属离子 Pd^{2+} 自组装，得到超分子有机金属笼 [Pd$_6$(RuL$_3$)$_8$](BF$_4$)$_{28}$（可简称有机金属笼 MOC-16，图 1）。

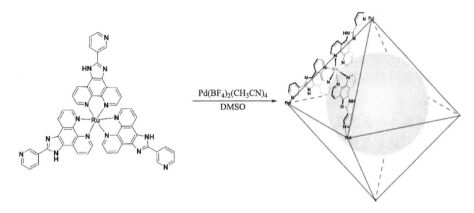

图 1　利用 Ru 金属配体策略组装超分子有机金属笼 MOC-16

【仪器试剂】

1. 仪器：RCT basic 电磁加热搅拌器（德国 IKA 公司），25mL 圆底烧瓶，高速离心机，250mL 烧杯，10mL 离心管，电子天平，油浴锅，真空干燥器，真空泵等。

2. 试剂：RuL$_3$(BF$_4$)$_2$ 固体粉末，四乙腈四氟硼酸钯 [Pd(BF$_4$)$_2$(CH$_3$CN)$_4$]，二甲基亚砜（DMSO），乙酸乙酯等。

【实验步骤】

1. 称取 RuL$_3$(BF$_4$)$_2$（1166g/mol，0.1mmol，117mg）和 Pd(BF$_4$)$_2$(CH$_3$CN)$_4$（444g/mol，0.1mmol，44.4mg），加到 25mL 圆底烧瓶中，并放入搅拌子。往圆底烧瓶中加入 5mL 二甲基亚砜，摇晃使其溶解。有条件的可以使用超声加快其溶解。

2. 打开电磁加热搅拌器，设定温度为 80℃。待油浴温度稳定在 80℃后，将盛有反应液的圆底烧瓶放进油浴锅中进行加热，在搅拌下反应 3h。

3. 反应结束后，将圆底烧瓶从油浴中提起，冷却至室温后，将反应液转移至 10mL 离心管中，利用高速离心机进行高速离心。

4. 离心结束后，将清液倒入 250mL 烧杯中，再加入 100mL 乙酸乙酯，此时可以看到有大量橙红色絮状沉淀析出。将沉淀转移至 10mL 离心管中，在 7000r/min 的转速下进行离心。离心后保留沉淀，并用乙酸乙酯洗涤三次。

5. 将洗涤后的沉淀连同离心管一起放入真空干燥器中，连接真空泵，常温真空干燥直至样品干燥完全，称重，计算产率。

【注意事项】

1. 加热时应注意观察反应原料是否沾在烧瓶壁上没有溶解，若没有溶解，可以用玻璃棒或者药勺将其从壁上刮下，以促进其溶解。

2. 离心时注意离心管是否出现裂开的痕迹，若离心管裂开，应将样品转移至新的离心管中，切勿将裂开的离心管放入离心机中进行离心操作。

3. 真空干燥前应尽量减少样品中乙酸乙酯的含量，干燥时可以用滤纸覆盖在离心管口，用橡皮筋绑好，并控制好抽真空速度。

【思考题】

1. 理论上的金属配体 $RuL_3(BF_4)_2$ 与 Pd^{2+} 的比例是多少？实际反应投料时加入的比例是多少？为什么？

2. 真空干燥前为什么需要尽量减少样品中乙酸乙酯的含量，并控制好抽真空速度？

3. 查阅文献，结合超分子有机金属笼 MOC-16 的组成与结构特点，阐述其可能的应用。

参考文献

[1] Kumar G，Gupta R. Molecularly Designed Architectures-The Metalloligand Way [J]. Chemical Society Reviews，2013，42：9403-9453.

[2] Li K，Zhang L Y，Yan C，et al. Stepwise Assembly of $Pd_6(RuL_3)_8$ Nanoscale Rhombododecahedral Metal-Organic Cages via Metalloligand Strategy for Guest Trapping and Protection [J]. Journal of the American Chemical Society，2014，136：4456-4459.

实验 6 手性有机金属笼 Δ-/Λ-MOC-16 的制备

【实验目的】

1. 了解单一手性有机金属笼的制备原理与方法。
2. 掌握高速离心和常温真空干燥的基本操作。

【实验原理】

作为超分子的一类特殊构筑形式，具有特定外形尺寸、独特限域空腔的有机金属笼（MOC）结合了易于剪裁的配体及多样配位构型的金属离子的特点。其中，通过结合手性元素与限域空间合成对映体纯的手性有机金属笼具有特殊的意义，在立体选择性分离、不对称催化、圆偏振发光、模拟酶等领域具有潜在的应用前景。

由于绝大多数多面体外形的有机金属笼具有多重高对称性，手性控制难度很大。通常使用的第一种合成策略是在手性笼的组装过程中向组成多面体的顶点、边或面等位置引入手性元素，移除多面体的对称中心和对称面，从而实现导向性的手性控制组装。第二种合成策略是利用没有对称轴的基团（或配体），在笼子的组装过程中产生的扭曲赋予笼子手性元素。第三种合成策略是设计和利用具有手性金属中心的金属配体。

2016 年，笔者课题组发展了一种组装立体化学稳定的单一手性有机金属笼（Δ-/Λ-MOC-16）的普适化方法（图 1）。通过预拆分 Δ-/Λ-Ru 金属配体前驱体和分步自组装策略，所得到的 Ru-Pd 异金属分子笼具有 Ru 金属中心施加的手性空腔，并具有立体化学稳定性和一定的水溶性。Δ-/Λ-MOC-16 的组装过程是以单手性的绝对自组装方式进行的。每个 MOC-16 分子笼中，具有相同立体构型的 Δ- 或 Λ-RuL$_3$（即 Δ- 或 Λ-3）金属配体单元。通过 8 个 Ru 金属配体和 6 个 Pd 离子的组装，进而呈现出单一的 ΔΔΔΔΔΔΔΔ- 或 ΛΛΛΛΛΛΛΛ-绝对构型。这表明 8 个 Ru 金属配体中心之间存在很强的协同性立体化学耦合作用，可以指导绝对的自组装，只形成单一手性的 Δ- 或 Λ-MOC-16。

【仪器试剂】

1. 仪器：RCT basic 电磁加热搅拌器（德国 IKA 公司），25mL 圆底烧瓶，高速离心机，250mL 烧杯，10mL 离心管，电子天平，油浴锅，真空干燥器，真空泵等。

2. 试剂：Λ-RuL$_3$-PF$_6$ 固体粉末，Δ-RuL$_3$-PF$_6$ 固体粉末，四乙腈四氟硼酸钯 [Pd(BF$_4$)$_2$(CH$_3$CN)$_4$]，二甲基亚砜（DMSO），乙酸乙酯等。

【实验步骤】

1. 称取 Λ-RuL$_3$-PF$_6$（100mg，0.08mmol）和 Pd(BF$_4$)$_2$(CH$_3$CN)$_4$（35.5mg，0.08mmol），加到 25mL 圆底烧瓶中，并放入搅拌子。往圆底烧瓶中加入 10mL 二甲基亚砜（DMSO），摇晃使其溶解。有条件的可以使用超声加快其溶解。

2. 打开电磁加热搅拌器，设定温度为 80℃。待油浴温度稳定在 80℃后，将盛有反应液的圆底烧瓶放进油浴锅中进行加热，在搅拌下反应 3h。

3. 反应结束后，将圆底烧瓶从油浴中提起，冷却至室温后，将反应液转移至 10mL 离心管中，利用高速离心机进行高速离心。

4. 离心结束后，将清液倒入 250mL 烧杯中，再加入 100mL 乙酸乙酯，此时可以看到有大量橙红色絮状沉淀析出。将沉淀转移至 10mL 离心管中，在 7000r/min 的转速下进行离心。离心后保留沉淀，并用乙酸乙酯洗涤三次。

5. 将洗涤后的沉淀连同离心管一起放入真空干燥器中，连接真空泵，开启后进行常温真空干燥，直至所得的 Λ-MOC-16 样品干燥完全，称重，计算产率。

制备 Δ-MOC-16 的方法与上述相同，只是将 Λ-RuL$_3$-PF$_6$ 替换为 Δ-RuL$_3$-PF$_6$。

【注意事项】

1. 加热时应注意观察反应原料是否沾在烧瓶壁上没有溶解，若没有溶解，可以用玻璃棒或者药勺将其从壁上刮下，以促进其溶解。

2. 离心时注意离心管是否出现裂开的痕迹，若离心管裂开，应将样品转移至新的离心管中，切勿将裂开的离心管放入离心机中进行离心操作。

3. 真空干燥前应尽量减少样品中乙酸乙酯的含量，干燥时可以用滤纸覆盖在离心管口，用橡皮筋绑好，并控制好抽真空速度。

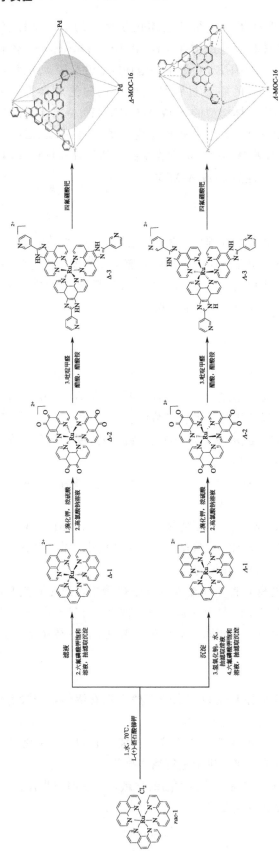

图 1 预拆分和分步自组装策略构筑手性有机金属笼 Δ-/Λ-MOC-16

【思考题】

1. 步骤 2 中为什么需要等待油浴温度稳定在 80℃后，才将盛有反应液的圆底烧瓶放进油浴锅中进行加热？

2. 步骤 3 离心的目的是什么？

3. 步骤 4 中用乙酸乙酯洗涤沉淀三次的目的是什么？

4. 查阅文献，阐述化合物的手性可以通过哪些技术进行表征。

参考文献

[1]　国家自然科学基金委员会，中国科学院．中国学科发展战略·手性物质化学［M］．北京：科学出版社，2020.

[2]　Wu K，Li K，Hou Y J，et al. Homochiral D_4-symmetric metal-organic cages from stereogenic Ru（Ⅱ）metalloligands for effective enantioseparation of atropisomeric molecules［J］．Nature Communication，2016，7：10487.

实验 7　[Ru(phen)₃]Cl₂ 和 MOC-16 的晶体生长和结构分析

【实验目的】

1. 掌握金属配合物和超分子有机金属笼的晶体培养方法，并获得质量好的单晶。

2. 了解单晶 X 射线衍射仪基本原理和测试技术。

3. 学习使用 Olex2 软件对配合物单晶结构进行解析和结构表达。

【实验原理】

1. 单晶结构分析

晶体是一种规律重复排列的固体物质。如果整块固体为一个空间点阵所贯穿，则称为单晶体（single crystal），简称单晶。单晶结构分析是目前固态物质结构分析方法中，可以提供信息最多、最常用和最为重要的一种研究手段。

晶体的点阵在三维空间呈有序排列。当一束单色 X 射线照射到某一小晶体上，由于晶体内部结构及其周期性，当点阵面间距 d 与 X 射线入射角 θ 之间符合布拉格（Bragg）方程 $2d_{hkl}\sin\theta = n\lambda$ 时，产生相干现象，就会产生衍射效应。从布拉格方程的倒数关系方程式以及相关的几何关系，用数学引导出的倒易点阵来描述衍射空间。通过旋转衍射点，分别得到三个投影面，测量平行的衍射指标之间的距离和夹角，可以估算出晶胞的大小并得到晶胞参数。通过收集大量衍射数据，分析衍射数据中的各种系统消光可能性，依据晶体的劳厄群等对称性信息确定晶体的空间群。

核外电子在 X 射线的照射下，会受迫振动，从而发生散射，而电子按一定概率分布于原子核周围，原子对 X 射线的散射不仅与其电子分布有关，而且与衍射角 θ 和波长 λ 有关。

将原子中不同空间位置对 X 射线的散射贡献加和起来，就是原子的散射因子，记为 f。在测量大量衍射强度数据后，仅仅得到其强度 I_o 的数值。I_o 的值可以通过一系列的还原与校正，转换为结构因子的绝对值，即结构振幅 $|F_o|$。任一衍射点 (hkl) 的振幅 $|F_o|$ 与结构因子的关系为：

$$F_{hkl} = \sum_i f_i \left[\cos 2\pi(hx_i + ky_i + lz_i) + i\sin 2\pi(hx_i + ky_i + lz_i) \right] = |F_{hkl}| \exp(i\alpha_{hkl})$$

式中，α_{hkl} 为衍射点 hkl 的相角（phase），它也可以记为 $2\pi(hx + ky + zl)$。因此，完成晶体衍射数据测量后，已知的数据包括晶胞参数、衍射指标和结构振幅 $|F_o|$，但不能得到衍射点的相角和各种原子的坐标。

为了测定出晶胞中原子的精确位置，确定晶胞中原子的排列，在晶体结构解析过程中通常采用帕特森方法和直接法来解决关键的相角问题。又根据晶体学和数学原理，晶胞中电子密度（ρ_{xyz}）与结构因子有如下的关系：

$$\rho_{xyz} = \frac{1}{V} \sum_{hkl} F_{hkl} e^{-i2\pi(hx+ky+lz)}$$

对每个衍射点的结构因子进行加和，即傅里叶转换，就可以得到晶胞中任意坐标的电子密度，实际上就得到晶体结构的详细信息。

要获得比较理想的衍射数据，必须获得质量好的单晶。晶体理想的形状尺寸是重要的因素，其取决于：晶体的衍射能力和吸收效应程度、所选用射线的强度和衍射仪探测器的灵敏度。晶体的衍射能力和吸收效应程度取决于晶体所含的元素种类和数量，而 X 射线的强度和探测器的灵敏度均取决于衍射仪的配置。

CCD 面探衍射仪是目前广泛应用于小分子晶体衍射的一种电荷耦合器件探测器（charge coupled device detector，CCD 探测器）衍射仪，其基本结构如图 1（a）所示。在测试前，先要通过测角器上装有的显微镜进行晶体上样和对心。然后获得若干张衍射图像，经过计算机寻峰并指标化其中的衍射点，进而确定晶胞参数和取向矩阵，以此来判断晶体情况，并决定是否收集一整套数据和收集的方法。收集衍射数据时，根据一系列可变参数，包括晶体与

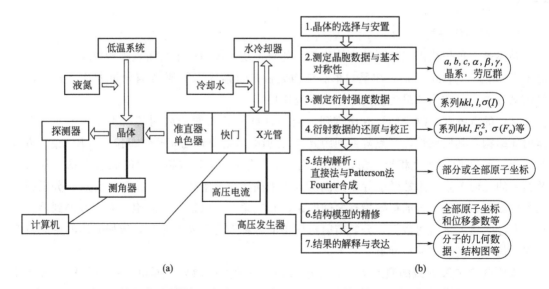

图 1　X 射线单晶衍射仪的基本结构示意图（a）和晶体结构测试与分析步骤（b）

探测器间的距离、每次曝光过程中晶体的旋转角度、扫描角度、晶体与准直器的大小、曝光时间、收集数据的范围，以及扫描方式的影响等方面考虑，设计出收集衍射数据的最优化条件。数据收集完成后，对原始数据进行还原与吸收校正，由此获得包括衍射指标（hkl）、结构振幅（$|F_o|^2$ 或 $|F_o|$）以及背景强度等数据，结合指标化过程中获得的晶胞参数，可以进一步确定晶体的空间群，并进入结构分析阶段。晶体结构的衍射数据测试与结构分析步骤如图 1 (b) 所示。

Olex2 程序是众多晶体结构解析的软件工具的一种，它是由英国杜伦大学化学系 Dolomanov 教授开发的一款具有解析、精修、画图等多功能的可视化单晶解析软件。相比于传统的 Shelxtl 软件，Olex2 具有更为美观的图形界面，并且可以方便调用多种解析和精修软件，同时自带多种实用工具，如 solvent mask 和 twinning 等，具有非常广泛的应用。Olex2 解析晶体结构的步骤如图 2 所示。

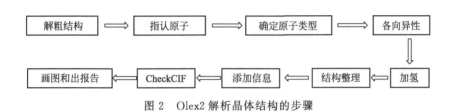

图 2　Olex2 解析晶体结构的步骤

2. 单晶的培养

衍射实验的单晶培养（crystal growth），需要采用合适的方法，以获得质量好、尺寸合适的晶体。晶体的生长和质量主要依赖于晶核形成和生长的速率。如果晶核形成速率大于生长速率，就会形成大量的微晶，并容易出现晶体团聚。相反，太快的生长速率会引起晶体出现缺陷。通常用以下几种方法培养单晶。

（1）溶液生长　从溶液中将化合物结晶出来，是单晶生长的最常用形式。最为普通的程序是通过冷却或蒸发化合物饱和溶液，让化合物结晶出来。最好采取各种必要的措施，使其缓慢冷却或蒸发，以求获得比较完美的晶体。可以通过轻微刮花容器内壁来提高结晶的速度。

（2）界面扩散　如果化合物由两种反应物反应生成，而两种反应物可以分别溶于不同（尤其是不太互溶的）溶剂中，可以用溶液界面扩散法（liquid diffusion）生长单晶。将 A 溶液小心地加到 B 溶液中，化学反应将在这两种溶液接触界面开始，晶体就可能在溶液界面附近产生，如图 3(a) 所示。通常一种溶液慢慢扩散进另一种溶液时，会在界面附近产生好的晶体。如果结晶速度太快，可以利用凝胶体等办法，进一步降低扩散速率，以求结晶完美。

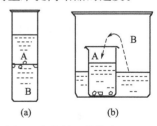

图 3　溶液界面扩散法（a）和蒸气扩散法（b）示意图

（3）蒸气扩散　选择两种对目标化合物溶解度不同的溶剂 A 和 B，且 A 和 B 有一定的互溶性。把要结晶的化合物溶解在盛于小容器、溶解度大的溶剂 A 中，将溶解度小的溶剂 B（也称为反溶剂，anti-solvent）放在较大的容器中，盖上大容器的盖子，溶剂 B 的蒸气就会扩散到小容器，如图 3(b) 所示。控制溶剂 A、B 蒸气相互扩散的速度，就可以将小容器中的溶剂变为 A 和 B 的混合溶剂，从而降低化合物的溶解度，迫使它不断结晶出来。

除此之外，还有凝胶扩散法、水热法等方法可以培养单晶。

3. 金属配体 [Ru(phen)$_3$]Cl$_2$ 和超分子有机金属笼 MOC-16 的单晶生长和测试

本实验采用蒸气扩散法，培养金属配体 [Ru (phen)$_3$] Cl$_2$ 和超分子有机金属笼 MOC-16 的单晶，用 Rigaku SuperNova 微焦斑单晶衍射仪测试，用 Olex2 程序进行单晶结构解析。

【仪器试剂】

1. 仪器：Rigaku SuperNova 微焦斑单晶衍射仪（日本理学公司）等。

2. 试剂：Δ-/Λ-MOC-16 粉末样品，S-/R-BINOL，乙酸乙酯，异丙醚，甲醇，乙醚，乙腈等。

【实验步骤】

1. [Ru(phen)$_3$]Cl$_2$ 单晶样品的合成

将 0.01mmol [Ru(phen)$_3$]Cl$_2$ 粉末样品置于 2mL 的细玻璃管中，溶解于 0.2mL 甲醇，并将玻璃管置于盛有乙醚的 10mL 样品瓶中进行溶剂扩散，约 8h 后生长出适合测试的红色针状晶体。

2. 手性 MOC-16 单晶样品的合成

（1）Δ-MOC-16 单晶样品的合成　将 0.01mmol Δ-MOC-16 粉末样品和 0.01mmol S-BINOL 溶解在 0.5mL 乙腈中，将溶液过滤后，装在 2mL 的细玻璃管中，并将玻璃管置于盛有异丙醚的 20mL 样品瓶中进行蒸气扩散。2 周后得到橙红色的八面体状的晶体。

（2）Λ-MOC-16 单晶样品的合成　将 0.01mmol Λ-MOC-16 粉末样品和 0.01mmol R-BINOL 溶解在 0.5mL 乙腈中，将溶液过滤后，装在 2mL 的细玻璃管中，并将玻璃管置于盛有异丙醚的 20mL 样品瓶中进行蒸气扩散。2 周后得到橙红色的八面体状的晶体。

3. 在单晶衍射仪上，对上述获得的单晶样品进行衍射数据收集。

【数据处理】

以手性分子笼 Δ-MOC-16 的结构解析为例（具体步骤参见相关操作手册）。

1. 打开结构。

2. 粗解结构。

3. 指认原子。

4. 结构精修。

5. 各向异性精修。

6. 加氢。

7. 精修权重。

8. 去除溶剂贡献。

9. 原子重命名与结构整理。

10. CIF 中添加必要信息。

11. Checkcif。

12. 画图和出报告。

【注意事项】

1. 不同晶体衍射数据有所不同，解析方法不完全一致。

2. 该单晶样品易风化，需在低温下收集。

3. 判断结构解析合理性的标准：

（1）化学键上合理（键长、键角、价态）。

（2）一般要求 $R_1 < 0.08$（0.06）。R_1 为残差因子。在检查 cif 文件时，$R_1 > 0.20$ 会出现 A 警告；$0.15 < R_1 \leqslant 0.20$ 会出现 B 警告；$0.10 < R_1 \leqslant 0.15$ 会出现 C 警告。

（3）一般要求 $R_{int} < 0.1$。R_{int} 为等效点平均标准偏差。在检查 cif 文件时，$R_{int} > 0.20$ 会出现 A 警告；$0.15 < R_{int} \leqslant 0.20$ 会出现 B 警告；$0.10 < R_{int} \leqslant 0.15$ 会出现 C 警告。

（4）Complete > 90%。Complete 为衍射数据在所属空间群及所选分辨率下的完整度。

（5）Max Peak/Min Peak 为最大残余电子密度峰值/最小残余电子密度谷值。通常 Max Peak < 1、Min Peak < 1 表示非氢原子可能全部找到，对于重原子的数据可能残余电子密度峰更大。但是，有时客体分子衍射较弱，残余电子密度小于 1，客体分子也可能没有找到，要根据实际情况进行判断。

（6）Goof 为拟合优度，理想值为 1，一般要求 Goof = 1 ± 0.2。

（7）平均背景强度与平均衍射强度之比 $R(\sigma) < 0.1$。

【思考题】

1. 针对本次实验的分子笼晶体培养过程中，如何控制结晶速度，提高晶体质量？

2. Z' 值的意义是什么？如何判断其值是多少？

3. 查阅相关文献，按照发表文章的格式要求准备好结构的 cif 文件，用图表等形式对其晶体结构进行表达描述，并讨论配合物结构的连接方式和堆积方式。

参考文献

［1］ 陈小明，蔡继文．单晶结构分析的原理与实践［M］．北京：科学出版社，2003.

［2］ 张江威，李凤彩，魏永革，等．Olex2 软件单晶结构解析及晶体可视化［M］．北京：化学工业出版社，2020.

［3］ 赵红昆，杨恩翠，王修光，等．X-射线单晶衍射仪应用于本科实验教学的探索［J］．实验技术与管理，2017，34（3）：187-189，193.

［4］ Ho M L, Chen Y A, Chen T C, et al. Synthesis, structure and oxygen-sensing properties of Iridium （Ⅲ）-containing coordination polymers with different cations［J］. Dalton Transactions, 2012, 41: 2592-2600.

［5］ 李康．多吡啶类含钌（Ⅱ）金属基超分子配合物的设计、组装和性能研究［D］．广州：中山大学，2014.

［6］ 吴凯．多吡啶类 M_6L_8 型分子超分子有机金属笼的组装与性能研究［D］．广州：中山大学，2018.

［7］ Dolomanov O V, Bourhis L J, Gildea R J, et al. OLEX2: a complete structure solution, refinement and analysis program［J］. Journal of Applied Crystallography, 2009, 42: 339-341.

［8］ Sheldrick G M. Synthesis, Characterization and Crystal Structure of a New Schiff Base Ligand from a Bis （Thiazoline） Template and Hydrolytic Cleavage of the Imine Bond Induced by a Co （Ⅱ） Cation［J］. Acta Crystallographica, 2015, C71: 3-8.

实验 8　MOC-16 的核磁表征

【实验目的】

1. 学习一维和二维核磁共振氢谱的实验原理与操作。
2. 掌握超分子有机金属笼的核磁表征技术及谱图分析方法。

【实验原理】

1. 核磁共振原理及核磁共振仪的组成

当核磁矩不为零的原子核处在一个静磁场 H_0 中时，由于受静磁场 H_0 的作用，以一定的频率 ν 绕磁场运动。同时，原子核在磁场 H_0 中发生能级分裂，处于两种能级状态。若另外再在 H_0 的垂直方向上加一个小的交变磁场 H_1（频率为 f），则当 $f=\nu$ 时，发生共振现象。结果使低能态的原子核吸收交变磁场 H_1 的能量，跃迁到高能态，即为核磁共振（Nuclear magnetic resonance，NMR）。

核磁共振仪一般由磁体、谱仪、探头和计算机四大部分组成。其工作过程可以简述为：通过计算机选择测定的模式并设置好各个参数。频率合成器根据计算机的指令合成某一频率的射频脉冲，经探头内的发射线圈照射到样品上。样品吸收射频能量发生核磁共振，接收线圈将吸收信号传输到检测器上，经放大后存于计算机内存中。这些信号经傅里叶变换后，即可在绘图仪上画出核磁共振图谱。

2. 二维核磁共振氢谱的基本原理

二维核磁共振（2D NMR）方法是 Jeener 于 1971 年首先提出的，是一维谱衍生出来的新实验方法。引入二维核磁后，不仅可将化学位移、耦合常数等参数展开在二维平面上，减少了谱线的拥挤和重叠，而且通过提供的 H-H、C-H、C-C 之间的耦合作用以及空间的相互作用确定它们之间的连接关系和空间构型，有利于复杂化合物的谱图解析，特别是应用于复杂的天然产物和生物大分子的结构鉴定。

3. 二维核磁共振氢谱的分类

二维谱可分为三类：

（1）J 分解谱　J 分解谱亦称 J 谱或者 δ-J 谱。它把化学位移和自旋耦合的作用分辨开来，分别用 F_2、F_1 表示，包括异核和同核 J 谱。

（2）化学位移相关谱　化学位移相关谱也称 δ-δ 谱，它把不同自旋核的共振信号相互关联起来，是二维谱的核心。包括同核化学位移相关谱（COSY）、异核单量子相关谱（HSQC）、核欧佛豪瑟效应频谱（NOESY）和化学交换谱（EXSY）等。

（3）多量子谱　用脉冲序列可以检测出多量子跃迁，得到多量子二维谱。

4. 二维谱共振峰的名称

（1）交叉峰（Cross peak）　出现在 $\omega1\neq\omega2$ 处（即非对角线上）。从峰的位置关系可以判断哪些峰之间有耦合关系，从而得到哪些核之间有耦合关系，交叉峰是二维谱中最有用的部分。

（2）对角峰（Auto peak）　位于对角线（$\omega1=\omega2$）上的峰，称为对角峰。

5. 氢-氢化学位移相关谱（^{1}H-^{1}H Correlation spectroscopy,^{1}H-^{1}H COSY）

^{1}H-^{1}H-COSY 是 ^{1}H 核和 ^{1}H 核之间的化学位移相关谱。在通常的横轴和纵轴上均设定为 ^{1}H 的化学位移值，两个坐标轴上则显示通常的一维 ^{1}H 谱。在该谱图中出现了两种峰，分别为对角峰及相关峰。同一氢核信号将在对角线上相交，相互耦合的两个/组氢核信号将在相关峰上相交，一般反映的是 ^{3}J 耦合。

一般来说，在解析 ^{1}H-^{1}H COSY 谱时，应首先选择一个容易识别、有确切归属的质子。以该质子为起点，通过确定各个质子间的耦合关系指定分子中全部或大部分质子的归属，这就是通常所说的"从头开始"法。互相耦合的两组质子的交叉峰和对角峰可以组成一个正方形，由此可以判断出这两组质子的位置关系（图 1）。

6. 异核单量子相关谱（Heteronuclear singular quantum correlation，HSQC）

HSQC 是最常见的二维核磁共振谱之一，给出的信息是直接相连的碳氢关系，在第二维分开在一维中重叠的峰，辨别同碳上的质子，对于结构解析具有极其重要的意义。但它不能解决碳与季碳相连的问题，或隔碳相连的问题。

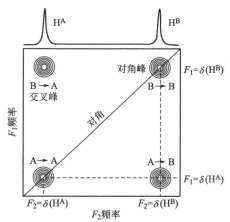

图 1　^{1}H-^{1}H COSY 谱示例

7. 异核多重键相关谱（Heteronuclear multiple bond correlation，HMBC）

HMBC 为 ^{1}H 的异核多碳相关谱，将 ^{1}H 核和远程耦合的 ^{13}C 核关联起来，给出的是远程耦合的碳氢关系，是有机化合物结构阐述最重要的 2D NMR 技术之一，尤其是对于季碳的指认以及分子结构中各片段之间连接的研究起着不可替代的作用。因其具有比较高的分辨率，往往比 HSQC 谱的分辨率好，当 COSY 谱相关峰重叠时，可以帮助 COSY 谱得到正确的相关信息。

8. 扩散排序核磁共振谱（Diffusion ordered spectroscopy，DOSY）

DOSY 是一种高级二维核磁表征手段，由于能够区分混合物体系中峰的各自归属情况，即能把重叠在一维氢谱上的混合物的峰按照一定顺序分别排列开来，又被称为"核磁色谱"。DOSY 是研究复杂混合物体系、归属不同分子谱峰强有力的工具。可通过 DOSY 谱图的横坐标一维谱中质子峰对应的扩散系数值情况来反映出溶液中体系是否单一存在。同时利用 DOSY 测得的扩散系数，根据 Stokes-Einstein 方程可以计算得到相应分子的动力学半径。该方程的数学表达式为：

$$D = \frac{k_B T}{6\pi\eta r}$$

式中，D 为分子的扩散系数值，m^2/s；k_B 为玻尔兹曼常数，该常数值为 $1.38\times10^{-23}\,m^2\cdot kg/(s^2\cdot K)$；$T$ 为热力学温度，K；η 为溶液的黏度，$mPa\cdot s$；r 为分子的动力学半径，m。

9. 有机金属笼 MOC-16 的核磁

有机金属笼由于是一个三维立体组装体，尺寸一般都较大。由于自身框架的可收缩性和变形性，在溶液中存在着多种构象，并且它们之间发生着快速转换，导致笼子核磁信号的各向同性变差，因此一个位置上的质子的化学位移覆盖了较大的范围，即宽化现象。故笼子的核磁峰形相比金属配体较为宽化，在黏度较大的二甲基亚砜中尤为明显。水的加入使笼子不同构象之间的转换速率变快，达到了核磁不能分辨的级别，使得质子信号又变得各向同性，最后得到平均化较好的化学位移，宽化现象也得到较好改善。

在分析笼子的核磁信号时，需要考虑其立体化学特性。原本在配体结构上化学等价的质子成笼后，可能会受到邻近的其他配体的芳环影响，产生部分质子的化学不等价，从而发生峰的裂分。MOC-16 的 7 个质子峰显示出相对于游离金属配体的不同位移。其中，由于吡啶供体与 Pd 的配位产生了金属诱导效应，使吡啶上的氢信号向低场位移。相反，由于笼子的形成，使得邻菲罗啉部分上的氢原子受到芳烃环的屏蔽效应而向高场位移（图 2）。

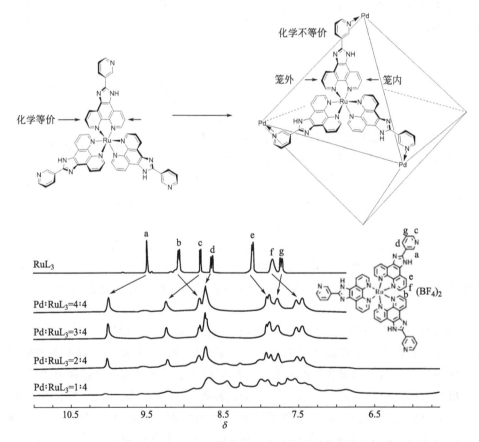

图 2　从金属配体到 MOC-16 的立体结构变化示意图及其在核磁氢谱上的影响

本实验主要是通过 ^{1}H-NMR、^{13}C-NMR、^{1}H-^{1}H-COSY、^{1}H-^{13}C-HSQC、^{1}H-^{13}C-HMBC 以及 ^{1}H-DOSY 对有机金属分子笼 MOC-16 的结构进行表征。

【仪器试剂】

1. 仪器：Bruker AVANCE Ⅲ型 400MHz 超导核磁共振谱仪（德国布鲁克公司），核磁样品管等。

2. 试剂：有机金属分子笼 MOC-16 粉末，氘代二甲基亚砜（DMSO-d_6），重水（D$_2$O）等。

【实验步骤】

1. MOC-16 的 ^{1}H-NMR、^{1}H-^{1}H-COSY、^{1}H-^{13}C-HSQC、^{1}H-^{13}C-HMBC 和 ^{13}C-NMR 实验

（1）称取 MOC-16 样品 5mg，溶解于 150μL DMSO-d_6 中，加入 300μL 重水。移入干净、干燥、无裂痕的核磁样品管中，盖上核磁管帽。

（2）将样品管插入转子，利用高度量筒准确固定样品高度。

（3）将带样品管的转子放进磁体。

（4）通过个人的仪器使用账号及密码进入实验界面，点击 add，出现实验设定栏，分别输入样品名、实验号、溶剂，实验项目类型选为 PROTON，设定谱宽、采样次数等参数。

（5）选择设定的实验，点击 submit，实验标题由 available 变成 Queued。

（6）^{1}H-^{1}H-COSY、^{1}H-^{13}C-HSQC、^{1}H-^{13}C-HMBC 和 ^{13}C-NMR 测试与 ^{1}H-NMR 类似，只须把实验项目类型分别更改为 COSYGPSW，HSQCGPPH，HMBCGP 或 C13CPD，然后设定谱宽、采样次数等参数，选择设定的实验，点击 submit，实验标题由 available 变成 Queued 即可。

2. MOC-16 的 ^{1}H-DOSY 测试

（1）进样，测试 1D 氢谱，定标。

（2）DOSY 实验参数设置，测试。

（3）数据处理和样品弹出。

【数据处理】

1. 对 ^{1}H-NMR 和 ^{13}C-NMR 数据进行相位校正，选取 DMSO-d_6 作为定标基准。对所有峰进行标峰，记录下所有谱峰的化学位移值，并对 ^{1}H-NMR 的所有峰进行积分。

2. 找出二维谱中的所有交叉峰，并对照结构图以及一维分析，归属出各个谱峰所对应结构上的氢和碳。

3. 通过 DOSY 谱图的横坐标一维谱中质子峰对应的扩散系数值情况，判断 MOC-16 在溶液中是否单一存在，并根据 Stokes-Einstein 方程计算相应分子的动力学半径（室温下该溶液的黏度约为 1.9mPa·s）。

【注意事项】

1. 测试 MOC-16 的核磁谱图时，测试样品在氘代试剂中的浓度不应该太低，否则核磁信号会较弱。

2. 溶解样品时，应先用 DMSO-d_6 全部溶解后再加入重水，以保证样品全部溶解。

【思考题】

1. HSQC 与 HMBC 最主要的区别是什么？

2. 二维核磁实验相对于一维核磁具有什么优势？

参考文献

[1] 毛希安. 现代核磁共振实用技术及应用 [M]. 北京：科学技术文献出版社，2000.

[2] Li K，Zhang L Y，Yan C，et al. Stepwise Assembly of Pd₆ (RuL₃)₈ Nanoscale Rhombododecahedral Metal-Organic Cages via Metalloligand Strategy for Guest Trapping and Protection [J]. Journal of the American Chemical Society，2014，136：4456-4459.

[3] 吴凯. 多吡啶类 M₆L₈ 型超分子有机金属笼的组装与性能研究 [D]. 广州：中山大学，2018.

附：实验结果与标准谱图（图S1～S6）

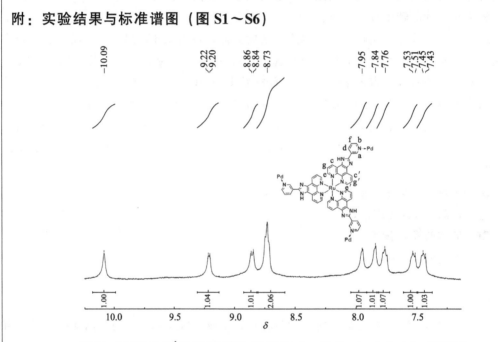

图 S1　MOC-16 的 ^{1}H NMR 谱图 [DMSO-d_6：D$_2$O＝1：2（v/v），298K]

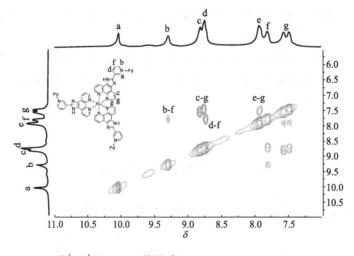

图 S2　MOC-16 的 ^{1}H-^{1}H COSY 谱图 [DMSO-d_6：D$_2$O＝1：2（v/v），298K]

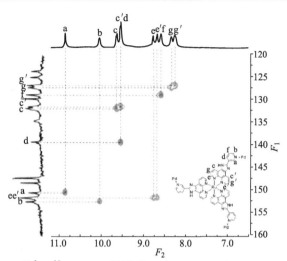

图 S3　MOC-16 的 ^{1}H-^{13}C HSQC 谱图［DMSO-d_6：D$_2$O＝1∶3（v/v），298K）］

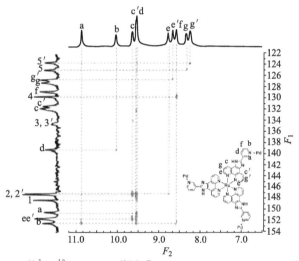

图 S4　MOC-16 的 ^{1}H-^{13}C HMBC 谱图［DMSO-d_6：D$_2$O＝1∶3（v/v），298K）］

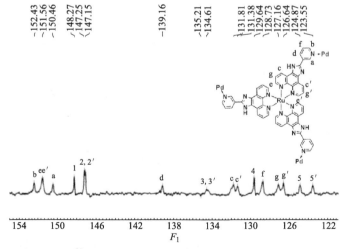

图 S5　MOC-16 的 ^{13}C NMR 谱图［DMSO-d_6：D$_2$O＝1∶3（v/v），298K）］

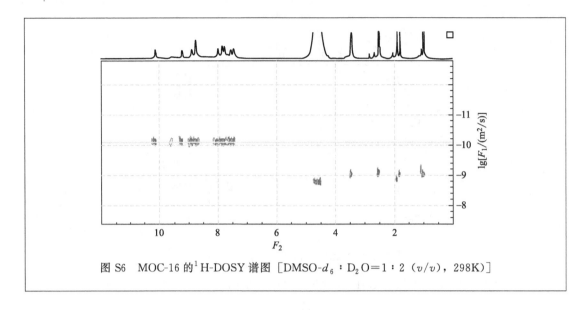

图 S6　MOC-16 的 ^{1}H-DOSY 谱图 ［DMSO-d_6：D$_2$O＝1：2（v/v），298K］

实验 9　核磁滴定研究 MOC-16 的组装过程

【实验目的】

1. 掌握核磁滴定实验的基本操作。
2. 利用核磁滴定研究 MOC-16 的组装过程。

【实验原理】

1. 核磁滴定

核磁共振谱图所提供的结构信息非常丰富，仅从核磁共振氢谱上就可以获得共振峰的位置、积分面积、峰形以及峰的裂分情况。而核磁滴定类似于分析实验中的滴定实验。通过向 A 物质溶液中滴加不同质量的 B 物质，当反应体系在一定条件下达到平衡后，利用核磁共振作为"眼睛"观察滴定过程中的信号变化，即可对 A 物质和 B 物质的变化情况进行确定。因此，核磁滴定实验已成为合成化学中表征分子特性的强有力的实验手段。

2. 核磁滴定技术在超分子有机金属笼组装研究过程中的应用

核磁滴定技术也是研究超分子配合物溶液性质的一个重要的表征方法。当金属配体与金属离子发生配位后，配体的化学环境将会受到不同程度的影响，故可通过核磁滴定实验对笼子的组装过程进行追踪。本实验主要利用核磁滴定手段来研究金属有机分子笼 MOC-16 的组装过程。如图 1 所示，随着 Pd^{2+} 的加入，金属配体 RuL$_3$ 上的质子化学位移均出现了一定程度的位移，除了 e 的化学位移向高场移动外，其余氢的化学位移都向低场移动。7 组质子峰中，吡啶环上的 4 组峰均出现了宽化现象，而邻菲罗啉部分的 3 组峰形基本保持不变。

这说明吡啶环上的 N 原子与 Pd^{2+} 发生了配位作用，因此对这 4 组峰的影响较大，而邻菲罗啉部分空间上与配位的 Pd^{2+} 距离较远，所以受其影响较小。因为 Pd^{2+} 可以提供 4 个配位点，而一个金属配体 RuL$_3$ 上有 3 个吡啶基团，所以，Pd^{2+} 与 RuL$_3$ 完全发生配位作用的比例应该是 3：4。而谱图刚好在 3：4 的比例下发生了较大的变化，并且随着 Pd^{2+} 的继续加入，谱图不再变化，因此可以推测在 Pd^{2+} 与金属配体为 3：4 的比例下，两者完全反应并且生成了较为稳定的产物。

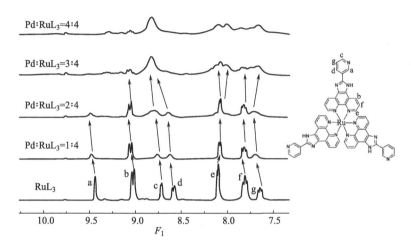

图 1　RuL$_3$ 金属配体与 Pd 盐的 ^{1}H NMR 滴定谱图（DMSO-d_6，298K）

【仪器试剂】

1. 仪器：Bruker AVANCE Ⅲ型 400MHz 超导核磁共振谱仪（德国布鲁克公司），5mm 核磁管等。

2. 试剂：MOC-16，Ru 金属配体 RuL$_3$（BF$_4$）$_2$，四乙腈四氟硼酸钯 ［Pd（BF$_4$）$_2$（CH$_3$CN）$_4$］，氘代二甲基亚砜（DMSO-d_6）等。

【实验步骤】

（1）分别配制浓度为 12mmol/L 的 RuL$_3$（BF$_4$）$_2$（A 液）和 6mmol/L 的 Pd（BF$_4$）$_2$（CH$_3$CN）$_4$（B 液）的 DMSO-d_6 溶液。

（2）取 400μL 的 A 液于核磁管进行 ^{1}H NMR 测试，得到游离 A 液的 ^{1}H NMR 谱图。

（3）向上述装有 A 液的核磁管中加入 50μL 的 B 液并混匀，在 80℃ 下加热 5h 后进行 ^{1}H NMR 测试，得到 n(A 液)：n(B 液)＝4：1 的 ^{1}H NMR 谱图。

（4）向测试完的核磁管中继续加入 50μL 的 B 液，此时 n(A 液)：n(B 液)＝4：2，混匀后继续在 80℃ 加热 5h 后进行 ^{1}H NMR 测试。

（5）重复上述的操作直至 n(A 液)：n(B 液)＝4：4。

（6）称取 MOC-16 样品 5mg，溶解于 500μL DMSO-d_6 中，将所得溶液移入核磁管进行核磁测试，获得 MOC-16 的 ^{1}H NMR 谱图。

（7）操作结束后取出样品管，退出实验程序。

【数据处理】

1. 对核磁数据进行相位校正，选取 DMSO-d_6 作为定标基准，并设定为 2.5ppm。

2. 将核磁滴定的一系列谱图和 MOC-16 的 ^{1}H NMR 谱图进行叠加，并分析其变化规律以及与金属有机配体 RuL$_3$(BF$_4$)$_2$ 和 MOC-16 的差异，进而总结出 MOC-16 的组装过程。

【注意事项】

1. 测试 MOC-16 的核磁谱图时，样品浓度不能太低，否则核磁信号会很弱。

2. 用 DMSO-d_6 溶解样品时，若有固体未溶解，可适当对样品溶液进行超声或加热（温度小于 80℃），以保证样品全部溶解。

3. 核磁滴定过程中，向 A 液中加入 B 液后一定要混匀。

【思考题】

1. 金属有机配体与 Pd^{2+} 的比例理论上应该是多少？

2. 为什么核磁滴定需要滴定到 4∶4？

参考文献

[1] Li K，Zhang L Y，Yan C，et al. Stepwise Assembly of Pd$_6$（RuL$_3$）$_8$ Nanoscale Rhombododecahedral Metal-Organic Cages via Metalloligand Strategy for Guest Trapping and Protection [J]. Journal of the American Chemical Society，2014，136：4456-4459.

[2] 李康. 多吡啶类含钌（Ⅱ）金属基超分子配合物的设计、组装和性能研究 [D]. 广州：中山大学，2014.

附：实验结果与标准谱图（图 S1）

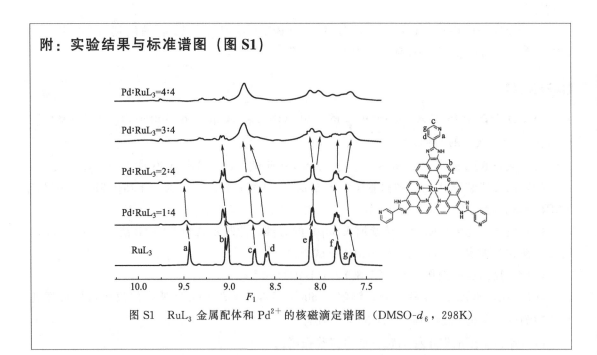

图 S1　RuL$_3$ 金属配体和 Pd^{2+} 的核磁滴定谱图（DMSO-d_6，298K）

实验 10　MOC-16 的质谱表征研究

【实验目的】

1. 掌握电喷雾飞行时间质谱（ESI-TOF）的基本原理。
2. 了解 ESI-TOF 的操作规程和测试方法。
3. 学习有机金属笼的质谱表征和研究方法。

【实验原理】

1. ESI-TOF 基本原理

质谱仪主要由六个部分组成：进样系统、离子源、质量分析器、检测器、计算机数据处理系统以及真空系统。如图 1 所示。

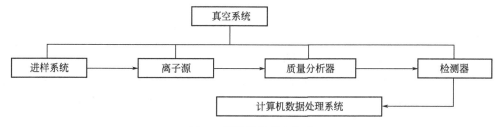

图 1　质谱仪的基本构成

待测样品由进样系统以不同方式导入离子源。在离子源中，样品分子电离成各种质荷比的离子，经质量分析器分离，检测器检测，并经计算机数据处理，得到化合物的质谱数据。整个仪器由计算机系统控制并监测，真空系统维持仪器处于高真空状态运行。进样系统的作用就是把被测样品导入离子源。离子源的作用是使样品分子电离成离子。不同性质的样品需要不同的电离方式电离。电喷雾（ESI）是由 John Fenn 发明的一种软电离技术，通常没有碎片离子峰，只有整体分子的峰，是广泛用于多种质谱仪的电离源。

质量分析器是质谱仪的核心部分，质谱仪的类型就是按质量分析器来划分的。它的作用是将离子源内得到的离子按质荷比分离，并送入检测器检测。ESI-TOF 使用的质量分析器为飞行时间质量分析器。飞行时间质量分析器的核心是漂移管，原理是：离子源中产生的离子经一脉冲电压同时引出离子源，由加速电压 V 加速后具有相同的动能到达漂移管，不同质量的离子的运动速度为 $v = (2zeV/m)^{1/2}$，经过长度为 L 的漂移管的时间为 $t = L(m/2zeV)^{1/2}$。由上式可知，质荷比不同的离子因飞行速度不同，经过同一距离后到达检测器所需的时间也不同，从而把不同质荷比的离子分离。

2. 同位素和同位素峰

大部分元素在自然界中都存在着同位素。元素及其同位素拥有相同的质子数，因而有相同的元素符号，但却含有不同的中子数。中子和质子一样，是原子重量的重要构成部分，从而在质谱信号中产生了同位素峰。随着分子中原子数目的增多，同位素的峰形会变得更为复杂和显著（图 2）。

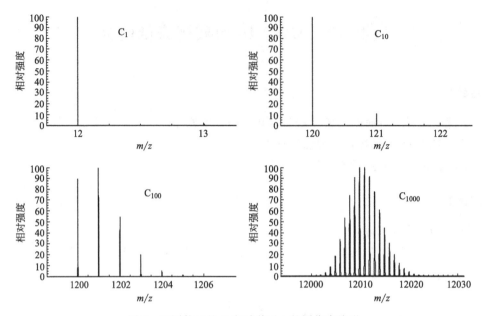

图 2　不同数目的 C 在质谱图上的同位素峰形

3. 有机金属笼在质谱表征中的多重价态峰

由于有机金属笼含有多个金属，在溶液中通常以正离子的形式存在，这会使整个笼在溶液中以高价正离子的形式存在。在分子笼进入质谱后，会结合不同阴离子数目，反映在质谱图上就会出现独特的多重高价峰（图 3）。

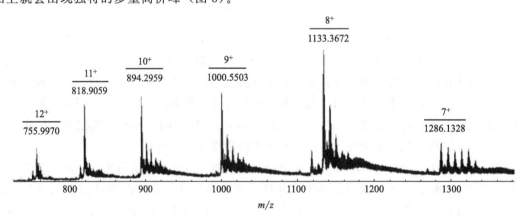

图 3　MOC-16 的多重高价峰

【仪器试剂】

1. 仪器：Bruker ESI-Q-TOF maXis 4G 电喷雾-四极杆-飞行时间超高分辨液质联用质谱仪（德国布鲁克公司），1.5mL 样品瓶，移液枪等。

2. 试剂：待测有机金属笼 MOC-16，乙腈，水，DMSO 等。

【实验步骤】

1. 样品制备过程

称取少量的待测 MOC-16 样品，溶于合适的溶剂中（一般选择乙腈或者水，如只有 DMSO 可溶，则需要继续用乙腈稀释，保证进样时 DMSO 的体积分数不超过 10%），继续用乙腈或者水稀释至 $1\sim10\times10^{-6}$ mol/L，摇匀或超声至无固体沉淀为止。用移液枪转移至 1.5mL 样品瓶中待测。

2. 样品测试过程

（1）打开 HyStat3.2 软件"Sample Table"。

（2）选择或新建样品列表。

（3）根据样品内容和所需测试条件选择相应选项。

（4）设置完成后，点击"Acquisition"。

（5）弹出测试页面，点击第三个"Start"图标，开始测试。

【数据处理】

1. 双击 DataAnalysis 图标打开数据处理软件

2. 打开数据文件

（1）选择菜单栏快捷方式"Open"。

（2）选择一个或多个数据文件，点击"Open"打开选中的数据文件。

3. 进行数据文件整理

（1）右键单击并拖动总谱：平均选定时间段的谱图数据。

（2）在生成的平均选定时间段的谱图数据中的空白处右键单击，在对话框中选择"Copy to Compound Spectra"

（3）在已生成可编辑质谱图，以及默认质荷比列表中选择菜单栏"MassList≫Clear Results"，可以清除默认质荷比列表。

（4）选择菜单栏"MassList≫Edit"，编辑质荷比列表，鼠标左键单击，依次选择需要的质谱峰。

（5）点击快捷按钮"Save"，存储已编辑好的数据文件。

4. 有机金属笼的质谱分析和数据拟合

（1）选择已经编辑好质荷比列表的质谱峰。

（2）在菜单栏单击"Chemistry"，在子菜单栏中选择"Simulate Pattern"。

（3）在对话框中输入待测超分子有机金属笼的分子式并选择对应的价态。

（4）将质谱结果和模拟结果进行对比，理论上质谱峰的归属要精确到小数点后第三位。

【思考题】

1. 查阅相关资料，分析不同离子源的质谱仪具有怎样的特点。

2. 在飞行时间质谱仪器中，会在飞行离子到达检测器的路径中增加反射器，查阅相关资料分析其用途。

3. 在质谱仪器内部需要保持高真空状态的原因是什么？

参考文献

[1] 金惠玉. 现代仪器分析 [M]，哈尔滨：哈尔滨工业大学出版社，2012.

[2] 李佳斌，郝斐然，田芳，等. 质谱学报 [J]，2013，34（2）：65-74.

[3] Wang M, Wang C, Hao X Q, et al. From Trigonal Bipyramidal to Platonic Solids: Self-Assembly and Self-Sorting Study of Terpyridine-Based 3D Architectures [J]. Journal of the American Chemical Society, 2014，136（29）：10499-10507.

[4] Zhang Z, Li Y, Song B, et al. Intra- and intermolecular self-assembly of a 20-nm-wide supramolecular hexagonal grid [J]. Nature Chemistry, 2020，12（5）：468-469.

[5] Li K, Zhang L Y, Yan C, et al. Stepwise Assembly of Pd$_6$（RuL$_3$）$_8$ Nanoscale Rhombododecahedral Metal-Organic Cages via Metalloligand Strategy for Guest Trapping and Protection [J]. Journal of the American Chemical Society, 2014，136：4456-4459.

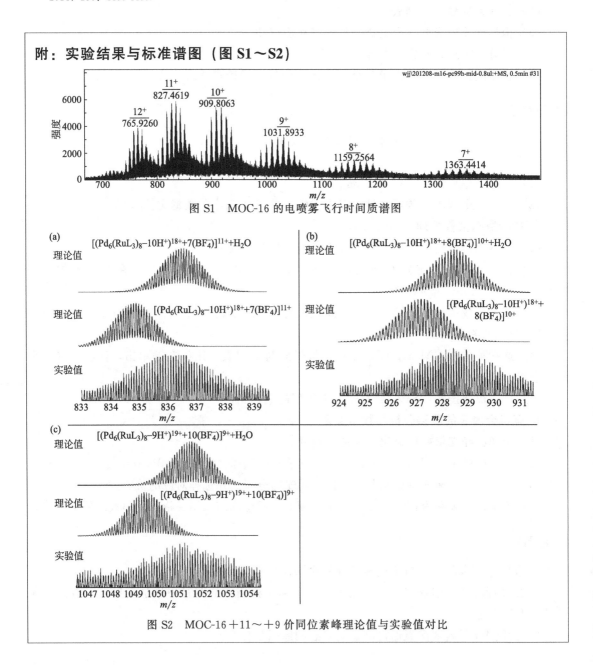

图 S1　MOC-16 的电喷雾飞行时间质谱图

图 S2　MOC-16 ＋11～＋9 价同位素峰理论值与实验值对比

第3章 有机金属笼（MOC-16）的物化性能实验

实验11 MOC-16 的紫外-可见吸收和发光光谱

【实验目的】

1. 初步掌握紫外-可见分光光度计和荧光光谱仪的基本原理、构造及用途。
2. 学习紫外-可见分光光度计和荧光光谱仪的测试步骤。
3. 利用紫外-可见分光光度计和荧光光谱仪研究 MOC-16 的光物理性质。

【实验原理】

1. 紫外-可见吸收原理和分光光度计

当光作用在物质上时，一部分被表面反射，一部分被物质吸收。改变入射光的波长时，不同物质对每种波长的光都有对应的吸收程度（A）或透过程度（T）。因此，每种物质都具有其特有的、固定的吸收光谱曲线。通过吸收光谱曲线或透过光谱曲线，可以判断材料在紫外光区和可见光区的光学特性，为材料的应用作指导。

在有机化合物分子中，有形成单键的 σ 电子、形成双键的 π 电子和未成键的孤对 n 电子。当分子吸收一定能量的辐射能时，这些电子就会跃迁到较高的能级，此时电子所占的轨道称为反键轨道，而这种电子跃迁同内部的结构有密切的关系。在有机化合物的吸收光谱中，电子的跃迁有 σ→σ*、n→σ*、π→π* 和 n→π* 四种类型，各种跃迁类型所需要的能量依下列次序减小：σ→σ* ＞ n→σ* ＞ π→π* ＞ n→π*。

有机金属配合物的吸收光谱则主要归因于三种跃迁类型：①配体微扰的金属离子 d-d 电子跃迁和 f-f 电子跃迁，其吸光度（ε）较小；②金属离子微扰的配体内电子跃迁；③电荷转移吸收光谱，其吸光度一般都较大（10^4 左右），具有重要意义。其本质上属于分子内氧化还原反应，又分为 MLCT（金属离子轨道上的电荷吸收光能后，转移到配体的轨道上）和 LMCT（配体轨道上的电荷吸收光能后，转移到金属离子的轨道上）两类。

基于朗伯-比尔定律：$A = abc$（A 为吸光度，a 为吸光系数，b 为光路长度，c 为物质浓度），可以利用吸收光谱上的某些特征波长处吸光度的高低测定物质的含量，进行物质的定性或定量分析。

紫外-可见分光光度计是基于紫外-可见分光光度法原理，利用物质分子对紫外-可见光谱区的辐射吸收来进行分析的一种仪器。主要由光源、单色器、吸收池、检测器和显示器等部件组成（图1）。

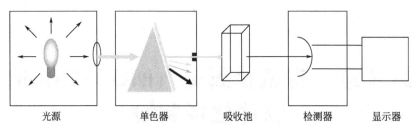

光源　　　　　　单色器　　　　吸收池　　　　检测器　　　　显示器

图 1　紫外-可见分光光度计构造示意图

2. 分子光致发光原理和光谱仪

分子光致发光通常分为荧光和磷光，其电子跃迁和能量传递机制如图 2 所示。

荧光产生机制：物质的分子吸收了照射光的能量后，其中的电子从基态（通常为自旋单重态）跃迁至具有相同自旋多重度的激发态。处于各激发态的电子通过振动弛豫、内转换等无辐射跃迁过程，回到第一电子激发单重态的最低振动能级。然后再由这个最低振动能级跃迁回到基态时，发出荧光。

磷光产生机制：由第一激发单重态的最低振动能级，有可能以系间窜越方式转至第一激发三重态，再经过振动弛豫，转至其最低振动能级。由此激发态跃迁回到基态时，发出磷光。

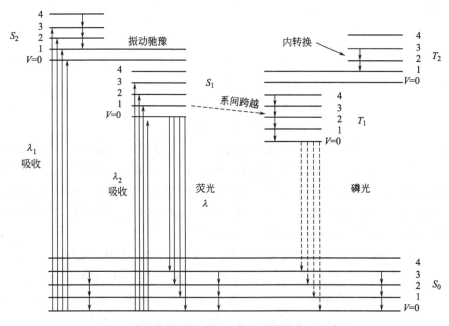

图 2　分子能级转换过程及荧光和磷光产生示意图

任何光致发光的物质都具有两个特征光谱，即激发光谱和发射光谱。激发光谱是在发射波长一定的条件下，被测物质的荧光强度随着激发波长的变化图。发射光谱是在激发波长一定的条件下，被测物发射的荧光强度随发射波长的变化图。各种物质具有其特征的最大激发波长和最大发射波长。因此，根据最大激发波长和最大发射波长，可以对某种物质进行定性的测量。

荧光光谱仪又称荧光分光光度计，是一种定性、定量分析的仪器。通过荧光光谱仪的检测，可以获得物质的激发光谱、发射光谱、量子产率、荧光强度、荧光寿命、斯托克斯位移、荧光偏振与去偏振特性，以及荧光猝灭等方面的信息。荧光光谱仪由光源、激发单色器、样品池、发射单色器、检测放大系统等组成（图 3）。

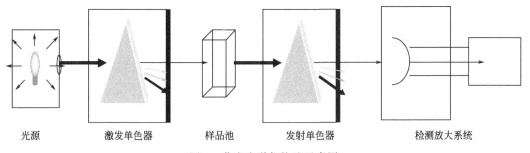

| 光源 | 激发单色器 | 样品池 | 发射单色器 | 检测放大系统 |

图 3 荧光光谱仪构造示意图

3. MOC-16 的紫外-可见吸收和发光光谱

本实验中，MOC-16 紫外-可见吸收光谱中的吸收峰，主要来自有机配体 $\pi \rightarrow \pi*$ 跃迁以及钌金属配体的 ^{1}MLCT 跃迁，发射光谱则主要来自金属配体 ^{3}MLCT 的辐射跃迁，属于磷光发射。可以看到，在吸收和发射光谱中，RuL_3 金属配体和 MOC-16 具有基本相似的吸收峰和发射峰位置，但 MOC-16 的发光强度相较于同浓度的金属配体有所降低。这是因为在形成笼子后，金属配体同 Pd^{2+} 之间的电子和能量传递作用，使得笼子的整体发光强度有一定程度的猝灭。

【仪器试剂】

1. 仪器：紫外-可见-近红外分光光度计（岛津 UV3600），稳态/瞬态荧光光谱仪（爱丁堡 FLS 980），移液枪等。

2. 试剂：RuL_3 和 MOC-16 样品，二甲基亚砜（DMSO）等。

【实验步骤】

1. 测试样品准备

配制 RuL_3（1×10^{-5} mol/L）和 MOC-16（1.25×10^{-6} mol/L）样品的 DMSO 溶液。

2. 紫外-可见吸收光谱测试

（1）波长扫描范围设置为 250～600nm，扫描速度设置为中速，采样间隔一般用 0.5nm 或 1nm。

（2）两组空白溶剂作为参比样品，链接之后扫描基线。

（3）测试配好的 RuL_3 和 MOC-16 溶液的吸收光谱。

3. 发光光谱测试

（1）开机准备。

（2）稳态光谱测试信号调节。

（3）激发光谱测试 选择 Excitation Scan，设置好参数后点击 Start 开始测量，得到激发光谱。

（4）发射光谱测试 选择 Emission Scan，设置好参数后点击 Start 开始测量，得到发射光谱。

【注意事项】

1. 吸收光谱测试过程中，基线和样品测试的参数必须完全一致。

2. 荧光光谱测试过程中，要时刻注意 Signal Rate 不允许超过 200000 cps。

3. 溶液配制时，样品若未完全溶解，可借助超声。

【思考题】

1. 试从原理和仪器两方面，比较紫外-可见吸收光谱和分子发光光谱的异同点。

2. 有机分子和有机金属配合物中，紫外-可见吸收光谱的电子跃迁有哪几种类型？试说明 MOC-16 产生紫外-可见吸收光谱的原因。

3. 紫外-可见分光光度计中，单光束、双光束、双波长分光光度计有何不同？

参考文献

[1] 叶宪曾，张新祥，等. 仪器分析教程. 2 版 [M]. 北京：北京大学出版社，2007.

[2] Li K, Zhang L Y, Yan C, et al. Stepwise Assembly of Pd_6 $(RuL_3)_8$ Nanoscale Rhombododecahedral Metal-Organic Cages via Metalloligand Strategy for Guest Trapping and Protection [J]. Journal of the American Chemical Society, 2014，136：4456-4459.

附：实验结果和标准谱图（图 S1～S2）

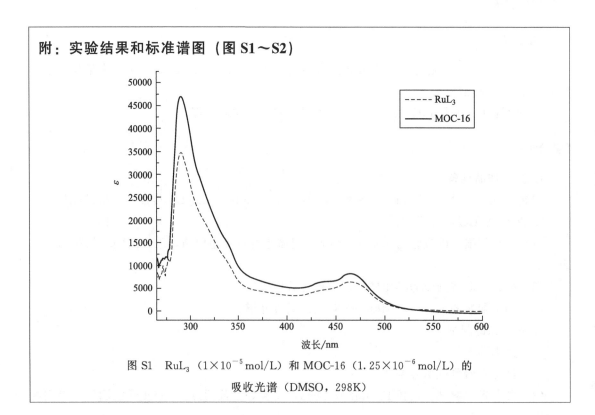

图 S1 RuL_3（1×10^{-5} mol/L）和 MOC-16（1.25×10^{-6} mol/L）的
吸收光谱（DMSO，298K）

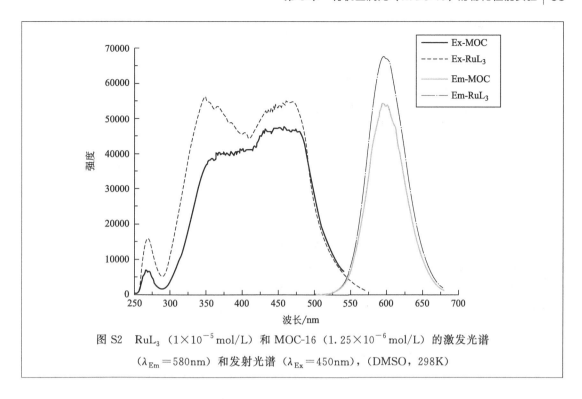

图 S2　RuL$_3$（1×10^{-5} mol/L）和 MOC-16（1.25×10^{-6} mol/L）的激发光谱

（λ$_{Em}$=580nm）和发射光谱（λ$_{Ex}$=450nm），（DMSO，298K）

实验 12　MOC-16 的瞬态吸收光谱

【实验目的】

1. 掌握瞬态吸收光谱的原理。

2. 理解基态漂白、受激辐射以及激发态吸收的含义。

【实验原理】

1. 瞬态吸收光谱

时间分辨瞬态吸收光谱（TAS）是一种超快激光泵浦-探测技术，可以用以检测物质激发态能级结构及激发态弛豫过程。通过将分子激发，记录物质分子在激发态上各个能级的粒子布居数，得到物质从高能激发态到基态的全部能级的衰减情况。

其测试原理如图 1 所示。通过调节泵浦光与探测光的脉冲，可以得到在不同时间段内待测样品对探测光的吸收，进而得到不同时间段内的样品差分吸收光谱，由此分析出高能激发态弛豫到基态的信息。通常，样品的吸收改变量 $\Delta A(\lambda)$ 为当有泵浦光激发时用探测光照射样品所得到的探测光吸收值 $A(\lambda)$，减去直接用探测光激发样品所得到的探测光吸收值 A_0（λ）的差，即 $\Delta A(\lambda)=A(\lambda)-A_0(\lambda)$。$\Delta A(\lambda)$ 是一个跟探测光波长、泵浦-探测延迟时间相关的变量，测得的数据是随波长 λ、延迟时间 t 变化的三维数据。

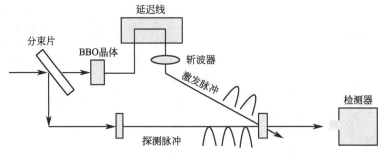

图 1　瞬态吸收光谱测量光路示意图

通过分析物质瞬态吸收光谱，能得到物质激发态能级之间的能量转移（ET）和电子转移（CT）等光物理和光化学过程。通常来说瞬态吸收会存在三种类型的信号。

（1）基态漂白信号（GSB）　样品吸收泵浦光后跃迁至激发态，使得处于基态的粒子数目减少。处于激发态样品的基态吸收比没有被激发样品的基态吸收少，探测到一个负的 ΔA 信号。基态漂白光谱形状与稳态吸收光谱类似，但是有可能随时间发生光谱的蓝移或红移。

（2）激发态吸收信号（ESA）　样品吸收泵浦光后跃迁至激发态，处于激发态的粒子能够吸收一些原本基态不能吸收的光而跃迁至更高的激发态。使得探测器探测到一个正的 ΔA 信号。

（3）受激辐射信号（SE）　激发态的样品处于非稳定状态，由于受激辐射或自发辐射作用回到基态。在这一过程中，样品产生荧光，导致进入探测器的光强增加，从而产生一个负的 ΔA 信号。

2. 有机金属笼 MOC-16 的电子/能量传递过程与瞬态吸收光谱

对于金属配体 RuL_3 而言，通过特定波长的光源将金属中心激发后，电子从金属中心传递到配体，从而发生 MLCT（metal-to-ligand charge transfer）过程。而对于有机金属笼来说，每个 MOC-16 笼通过八个 Ru 中心的金属配体与 Pd 进行组装，形成八面体结构。与单独金属配体相比，形成笼后，由于 Pd 顶点的引入，除了会发生上述的 MLCT 过程以外，还存在从金属配体到 Pd 中心的电子传递过程，称作 LMCT（ligand-to-metal charge transfer）。这个过程会使得处在激发态的分子减少，从而降低其激发态寿命。每个顶点的 Pd 中心可以获得四个 Ru 中心所传递的电子，从而形成一个多通道电子传输的分子器件（图 2）。

从瞬态吸收光谱中可以看到，对于 RuL_3 金属配体而言，基态漂白区域与激发态吸收区域的衰减并不明显，说明 RuL_3 在激发态下的寿命较长，而成笼后存在明显的衰减，激发态的寿命明显降低，从而证实了上述分子笼中 Ru 到 Pd 的电子传递过程。

【仪器试剂】

1. 仪器：Helios 瞬态吸收光谱仪（Ultrafast Systems，LLC）（美国超快系统公司），微量比色皿等。

2. 试剂：RuL_3 和 MOC-16 粉末样品，乙腈等。

【实验步骤】

1. 分别配制 0.04mmol/L 的金属配体 RuL_3 和 0.005mmol/L 的 MOC-16 的乙腈溶液。

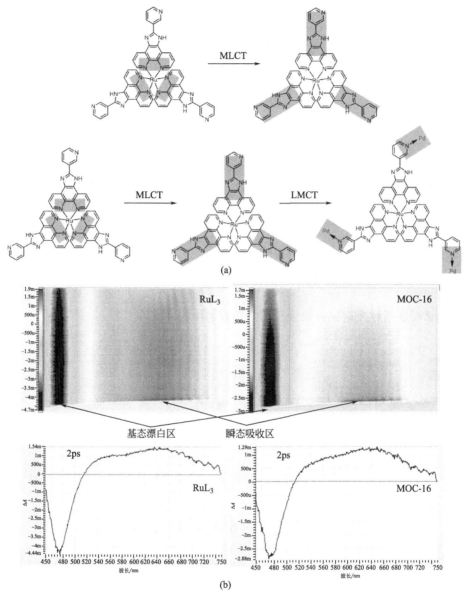

图 2 （a）金属配体 RuL$_3$ 与 MOC-16 电子传递过程示意图（阴影部分表明光生电子所处位置）

和（b）金属配体 RuL$_3$ 与 MOC-16 的瞬态吸收光谱对比图。

2．调节仪器光路，使得泵浦光与信号光通过微孔重合，并使用标准样品，检测瞬态吸收信号强度。

3．将上述配好的溶液加至微量比色皿中，并放置于样品台上。

4．分别对 MOC-16 分子笼以及 RuL$_3$ 金属配体采集 450～750nm 波长范围、0～7ns 范围的瞬态吸收数据。

【数据处理】

1．打开 Surface Xplorer 软件界面，选取数据并打开，可以看到一个二维光谱数据图，通过拖动定位轴可以获取当前横向的 ΔA 与波长的关系，以及纵向的 ΔA 与衰减时间的关系。

2. 选取激发态吸收最高处，记录其瞬态吸收随波长的关系，并在最大波长处，记录瞬态吸收强度随时间变化的衰减曲线，并对曲线寿命进行拟合。

3. 比较 MOC-16 与 RuL_3 的瞬态吸收光谱的差异。

【注意事项】

1. 实验前，比色皿需清洗至无色透明。

2. 进入超净实验室前，需穿着无尘工作服并进行全身除尘。

3. 进入实验室前，需摘掉所佩戴的可以反光的物品，防止激光伤害。

【思考题】

1. 为什么产生荧光的物质在瞬态吸收上会出现一个负的 ΔA 信号？

2. MOC-16 与 RuL_3 的瞬态吸收光谱有何差异？以此能说明分子笼中存在什么能量传递过程？

3. 为什么瞬态吸收光谱仪需放置于超净实验室中？

参考文献

[1] 翁羽祥，陈海龙. 超快激光光谱原理与技术基础：Ultrafast spectroscopy-principles and techniques [M]. 北京：化学工业出版社，2013.

实验 13　MOC-16 的循环伏安测试

【实验目的】

1. 了解电化学工作站的基本功能。

2. 学习循环伏安法的测试原理和方法。

3. 测试有机金属笼 MOC-16 的循环伏安性能。

【实验原理】

1. 循环伏安法

伏安分析法是在一定电位下测量体系的电流，得到伏安特性曲线，并进行定性、定量分析的方法。循环伏安法（Cyclic Voltammetry）是一种常用的动电位暂态电化学测量方法，是电极反应动力学、反应机理以及可逆性研究的重要手段之一。

循环伏安法通过不同的速率来控制电极电势，随时间以三角波形一次或多次反复扫描。电势范围使电极上能交替发生不同的还原和氧化反应，并记录电流（I）-电势（φ）曲线（图 1）。

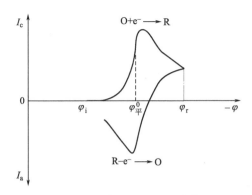

图 1　CV 扫描电流响应曲线

循环伏安法是一种十分有用的电化学测量技术，能够迅速地观察到所研究体系在广泛电势范围内的氧化还原行为（电荷转移、离子传递等信息）。根据曲线形状可以判断电极反应的可逆程度（对于可逆电极过程来说，循环极谱波中阳极还原峰和阴极的氧化峰基本上是对称的），中间体、相界吸附或新相形成的可能性，以及偶联化学反应的性质等。常用来测量电极反应参数，判断其控制步骤和反应机理，并观察整个电势扫描范围内可发生哪些反应，及其性质如何。因此，循环伏安法已广泛应用于化学、生物学、医学、材料学、环境科学等诸多领域。

2．经典三电极体系

三电极是指工作电极、参比电极、对电极。三电极体系含两个回路，一个回路由工作电极和参比电极组成，另一个回路由工作电极和辅助电极组成。在一个电化学回路中，电极表面发生氧化反应的为阳极，发生还原反应的为阴极。

工作电极（WE），又称研究电极，是指所研究的反应在该电极上发生。工作电极可以是固体也可以是液体。采用固体电极时，为了保证实验的重现性，必须注意建立合适的电极预处理步骤。液体电极中常用汞或汞齐电极，它们均有可重现的均相表面。

对电极（CE），又称辅助电极，其作用是与工作电极组成回路，使工作电极上电流畅通，以保证所研究的反应在工作电极上发生并且不影响研究电极上的反应。与工作电极相比，辅助电极应具有较大的表面积，使得外部所加的极化主要作用于工作电极上，辅助电极本身电阻要小。

参比电极（RE），是指一个已知电势的接近于理想不极化的电极。参比电极上基本没有电流通过，用于测定研究电极的电极电势。参比电极应具有如下性能：可逆性好，电极电势符合 Nernst 方程；交换电流密度高，流过微小的电流时电极电势能迅速恢复原状；具有良好的电势稳定性和重现性等。

3．RuL_3 和 MOC-16 的氧化还原电势分析

① RuL_3 循环伏安结果分析

在一定扫描速率下，从起始电位（+0.2V）正向扫描到转折电位（+2.0V）期间，溶液中 RuL_3^{2+} 被氧化生成 RuL_3^{3+}，产生还原电流；从起始电位（+0.2V）负向扫描到转折电位（−1.3V）期间，RuL_3^{2+} 被还原生成 RuL_3^{+}，产生氧化电流。

对于可逆电极过程来说，循环极谱波中阳极还原峰和阴极的氧化峰基本上是对称的。在

RuL_3 溶液中可以发现其对称性良好，说明其具有可逆性。

② MOC-16 循环伏安结果分析

在一定扫描速率下，从起始电位（+0.2V）正向扫描到转折电位（+2.0V）期间，溶液中 MOC-16 上的 RuL_3^{2+} 被氧化生成 RuL_3^{3+}，产生还原电流；从起始电位（+0.4V）负向扫描到转折电位（-1.3V）期间，MOC-16 上的 RuL_3^{2+} 被还原生成 RuL_3^+，产生氧化电流；该现象与金属配体 RuL_3 的现象一致，只是在峰型和数值上有所差异。

对于可逆电位来说，在阳极氧化电位发生时，MOC-16 的对称性要比 RuL_3 的配合物的对称性更高，说明当配合物形成笼子 MOC-16 之后，其氧化还原的可逆性增高，且其电位差值要比配合物的小很多，说明在 MOC-16 中的 HOMO 值要比配合物 RuL_3 的高；除此之外，在阴极还原电位发生时，电位在 -1.135V 会产生新的峰值，但其没有对应的氧化峰。经检测分析，断定其为 MOC-16 中的 Pd^{2+} 还原为 Pd^0 的峰，由于 Pd^0 的氧化很难，所以其可逆峰没能激发出来。

【仪器试剂】

1. 仪器：Autolab PGSTAT302N 电化学工作站，玻碳电极，铂丝电极，Ag/AgCl 电极等。

2. 试剂：乙腈（HPLC），四丁基六氟磷酸铵，RuL_3，MOC-16 粉末样品等。

【实验步骤】

1. 工作电极的预处理

玻碳电极用 Al_2O_3 粉末进行电极表面抛光。在磨盘上滴入 Al_2O_3 悬浮液，将玻碳电极以 O 字形磨洗，依次使用 $1.0\mu m$、$0.3\mu m$、$0.05\mu m$ 的 Al_2O_3，每次磨洗 2min 即可。用去离子水清洗干净后，将磨洗后的电极放入小烧杯中，用去离子水超声清洗 10s。再用去离子水冲洗干净，之后用洗耳球将电极表面的水吹干，观察玻碳电极表面干净程度，进行确认后，用一滴去离子水将玻碳电极密封住，备用。

2. 溶液的配制

① 配制浓度为 0.1mol/L 四丁基六氟磷酸铵溶液。

② 用已经配制好的四丁基六氟磷酸铵溶液，分别配制浓度为 0.05mmol/L RuL_3 金属配体、0.05mmol/L MOC-16 溶液。

③ 将配制好的 RuL_3 和 MOC-16 溶液进行充氮气处理 15min（溶液中的溶解氧具有电活性）。

3. RuL_3 循环伏安曲线测定

① 在电解池中倒入配制的 0.05mmol/L RuL_3 溶液 20mL，插入玻碳电极、铂丝电极和 Ag/AgCl 电极，调整电极高度，保证所有电极都插入溶液中。

② 连接电化学工作站电源，并启动。

③ 将电化学工作站测试端和电解池中的工作电极、参比电极、辅助电极一一对应进行连接。玻碳电极为工作电极，通过连接线与红色线的夹子相连，铂丝电极为辅助电极，通过连接线与黑色线的夹子相连，Ag/AgCl 电极为参比电极，通过连接线与黄色线的夹子相连；注意连接线彼此之间要保持距离，不接触。

④ 打开电化学工作站工作菜单，选择"Cyclic Voltammetry"项，在该系统中构建属于自己的文件夹，鼠标右击，点击"Make 文件夹名 the default location for data"，原始数据可直接保存于该文件夹中。

⑤ 在"Cyclic Voltammetry"菜单中输入测试起始电压、结束电压、扫描速度（0.1V/s）、循环次数（3 次）等参数。

⑥ 点击"△"进行测量，此过程要保持溶液的静止。

⑦ 测量结束后，将原始数据转换成 Excel 格式的数据保存到指定位置。

4. MOC-16 循环伏安曲线测定

MOC-16 循环伏安曲线测定与 RuL_3 的循环伏安曲线测定步骤一致。

【数据处理】

1. 在数据处理之前，要对玻碳电极（工作电极）的有效体积进行计算，再进行下一步的数据处理。

2. 由 RuL_3 和 MOC-16 溶液的循环伏安图，测定 i_{pa}、i_{pc}、φ_{pa}、φ_{pc} 值。

3. 分别计算 RuL_3 和 MOC-16 的标准氢电位。

【注意事项】

1. 实验前需要检查电解池组装是否规范，有无漏液，或者短路情况。

2. 连接三电极时，要一一对应。

3. 电极与工作站之间的连接线彼此不能接触。

4. 时刻注意玻碳电极上进行空气隔离的水珠是否对电极进行全部覆盖。

5. 在溶液配制的过程中，若配制好的溶液距离测试时间相隔很久，则需要重新对测试溶液进行充氮气处理。

6. 扫描过程保持溶液静止。

7. 数据注意及时保存。

【思考题】

1. 在三电极体系中，辅助电极和工作电极组成的反应回路的作用是什么？

2. 为什么在实验前电极表面要处理干净？

3. 在扫描过程中为什么要保持溶液静止？

4. MOC-16 与 RuL_3 的循环伏安曲线有何差异？以此能否说明分子笼中是否存在不同于 RuL_3 的能量传递过程？

参考文献

［1］ 刘思东，张卓勇，刘宇，等. 人工神经网络—伏安分析法同时测定邻，同，对二硝基苯［J］. 分析测试学报，1998，000（001）：33-36.

［2］ 何为，唐先忠，王守绪，等. 线性扫描伏安法与循环伏安法实验技术［J］. 实验科学与技术，2005（z1）：3.

［3］ Mirceski V, Gulaboski R, Lovric M, et al. Square-wave voltammetry：a review on the recent progress［J］. Electroanalysis，2013，25（11）：2411-2422.

附：实验结果和标准谱图（图 S1～S2）

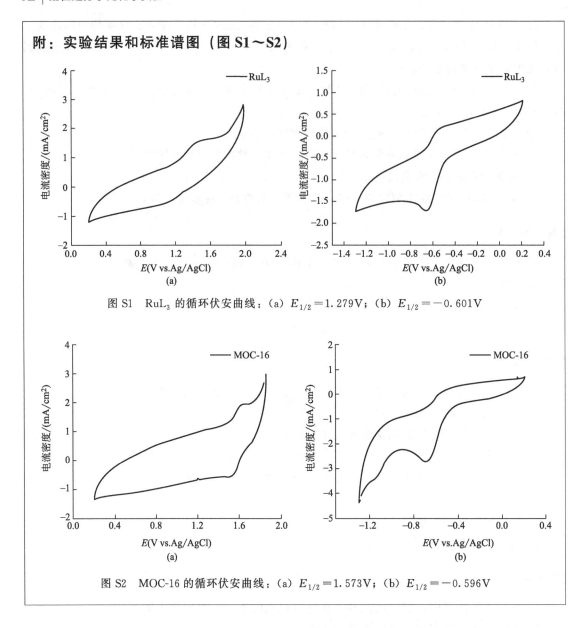

图 S1　RuL$_3$ 的循环伏安曲线：（a）$E_{1/2}=1.279V$；（b）$E_{1/2}=-0.601V$

图 S2　MOC-16 的循环伏安曲线：（a）$E_{1/2}=1.573V$；（b）$E_{1/2}=-0.596V$

实验 14　MOC-16 的 pK_a 位移测定

【实验目的】

1. 掌握电位滴定法测试 pK_a 的基本原理。

2. 利用电位滴定法测定 MOC-16 相关的 pK_a。

3. 理解金属离子配位对有机基团 pK_a 的影响。

【实验原理】

1. 利用电位滴定法测试 pK_a 的原理

电位滴定法是测定有机官能基团 pK_a 最常用的方法之一。该方法操作简单、结果可靠、数据处理相对容易，其适用范围可以从一元酸推广到多元酸。具体步骤是将一定浓度的碱溶液逐份滴加到待分析测定样品溶液中，通过连续测定 pH 值来跟踪溶液电势电位的变化。电位与滴定体积及氢离子浓度的关系可以用 Bjerrum 函数来描述：

$$\bar{n}_H = f(V, [H])$$

其中，$\bar{n}_H$ 被定义为每个酸性官能团上所结合的平均质子数。以下主要以一元酸、二元酸和三元酸模型为例，介绍 Bjerrum 函数的推导过程。

（1）一元酸模型（HA）　根据定义，一元酸的 $\bar{n}_H$ 可以表示如下：

$$\bar{n}_H = \frac{[HA]}{c_{HA}} = \frac{[HA]}{[A] + [HA]} = \frac{[HA]}{\dfrac{[HA] K_a}{[H]} + [HA]} = \frac{[H]}{[H] + K_a} \tag{1}$$

其中，c_{HA} 和 $[HA]$ 分别代表一元酸的初始浓度和滴定实时浓度，K_a 代表质子解离常数。

式（1）可以转换成对数形式：

$$pK_a = -\lg[H] + \lg\frac{\bar{n}_H}{1 - \bar{n}_H} = pH + \lg\frac{\bar{n}_H}{1 - \bar{n}_H} \tag{2}$$

即得到了一元酸 pK_a 和 pH 及 $\bar{n}_H$ 之间的换算关系。

（2）二元酸模型（H_2A）　二元酸的 $\bar{n}_H$ 可以表示如下：

$$\bar{n}_H = \frac{[HA] + 2[H_2A]}{c_{H_2A}} = \frac{[HA] + 2[H_2A]}{[A] + [HA] + [H_2A]} = \frac{\beta_1^H [H] + 2\beta_2^H [H]^2}{1 + \beta_1^H [H] + \beta_2^H [H]^2} \tag{3}$$

简化后表示为：

$$\frac{\bar{n}_H}{(1 - \bar{n}_H)[H]} = \beta_1^H + \frac{(2 - \bar{n}_H)[H]}{1 - \bar{n}_H}\beta_2^H \tag{4}$$

其中，累积加质子常数 β_1^H 和 β_2^H 分别代表：

$$\beta_1^H = \frac{[HA]}{[H][A]} = \frac{1}{K_{a2}}, \quad \beta_2^H = \frac{[HA][H_2A]}{[H]^2[HA][A]} = \frac{1}{K_{a1}K_{a2}} \tag{5}$$

根据式（5），二元酸的两个 pK_a 表达式可以推导如下：

$$pK_{a1} = -\lg\frac{\beta_1^H}{\beta_2^H}, \quad pK_{a2} = -\lg\frac{1}{\beta_1^H} \tag{6}$$

（3）三元酸模型（H_3A）　三元酸的 $\bar{n}_H$ 的表达式相对复杂一些，如下：

$$\bar{n}_H = \frac{[HA] + 2[H_2A] + 3[H_3A]}{c_{H_3A}} = \frac{[HA] + 2[H_2A] + 3[H_3A]}{[A] + [HA] + [H_2A] + [H_3A]}$$

$$= \frac{\beta_1^H [H] + 2\beta_2^H [H]^2 + 3\beta_3^H [H]^3}{1 + \beta_1^H [H] + \beta_2^H [H]^2 + \beta_3^H [H]^3} \tag{7}$$

整理后可得：

$$\frac{\bar{n}_H}{(1 - \bar{n}_H)[H]} = \beta_1^H + \frac{(2 - \bar{n}_H)[H]}{1 - \bar{n}_H}\beta_2^H + \frac{(3 - \bar{n}_H)[H]^2}{1 - \bar{n}_H}\beta_3^H \tag{8}$$

其中，三组累积加质子常数分别代表：

$$\beta_1^H = \frac{[HA]}{[H][A]} = \frac{1}{K_{a3}}, \quad \beta_2^H = \frac{[HA][H_2A]}{[H]^2[HA][A]} = \frac{1}{K_{a2}K_{a3}}$$

$$\beta_3^H = \frac{[HA][H_2A][H_3A]}{[H]^3[H_2A][HA][A]} = \frac{1}{K_{a1}K_{a2}K_{a3}} \tag{9}$$

在实际中为了简化数据处理，通过选择合适的滴定区间，可以将式（8）做如下近似：

$$\frac{\overline{n}_H}{(1-\overline{n}_H)[H]} \approx \beta_1^H + \frac{(2-\overline{n}_H)[H]}{1-\overline{n}_H}\beta_2^H \tag{10}$$

通过上述近似处理得到 β_1^H 和 β_2^H 后，式（8）就可以转换成线性方程来拟合 β_3^H：

$$\frac{\overline{n}_H - \beta_1^H(1-\overline{n}_H)[H]}{(2-\overline{n}_H)[H]^2} = \beta_2^H + \frac{(3-\overline{n}_H)[H]}{2-\overline{n}_H}\beta_3^H \tag{11}$$

最终，根据式（9），可以推导出三元酸的三组 pK_a 表达式如下：

$$pK_{a1} = -\lg\frac{\beta_2^H}{\beta_3^H}, \quad pK_{a2} = -\lg\frac{\beta_1^H}{\beta_2^H}, \quad pK_{a3} = -\lg\frac{1}{\beta_1^H} \tag{12}$$

2. MOC-16 的 pK_a 位移性能

有机配体（L）、金属配体（RuL₃）和分子笼（MOC-16）的酸性位点均来自咪唑基团的 NH 位置。其中，L 和 RuL₃ 的 pK_a 测定实验数据可分别使用一元酸和三元酸模型来拟合处理，或者针对特殊情况（如出现分段滴定平台）将一元酸和二元酸模型组合来处理。而一个 MOC-16 的分子笼结构中含有 24 个 NH 位点，意味着有 24 步潜在质子解离过程，即 24 组待测 pK_a 值。这对于电位滴定法来说将变得非常困难，后续的数据处理也将变得极其烦冗并导致误差增大结果不可信。考虑到 MOC-16 具有高度的化学等效性和结构对称性（八面体 O 点群对称性），可以将其结构简化等效为受 Pd^{2+} 配位影响的金属配体片段。这样只需测定三组平均化的 pK_a 值，并运用三元酸模型来拟合数据即可（图 1）。

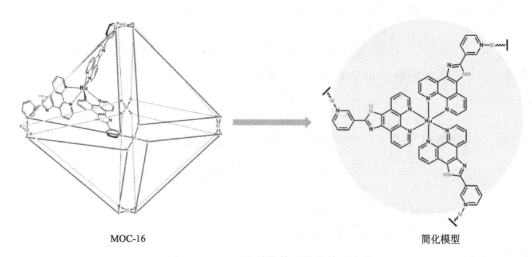

MOC-16　　　　　　　　　　　　　　　　　简化模型

图 1　MOC-16 的结构模型简化处理步骤

【仪器试剂】

1. 仪器：实验室用 pH 计（型号：Mettler Toledo）等。

2. 试剂：pH 计校正标准缓冲溶液（4.01，6.86），待测 L、RuL_3 和 MOC-16 样品，KOH（分析纯），DMSO（分析纯），去离子水等。

【实验步骤】

1. 有机配体（L）的 pK_a 测定

配制 5.00mmol/L 的 L 的混合溶液（25.00mL H_2O + 25.00mL DMSO）和 100.00mmol/L 的 KOH 水溶液（备注：溶剂要预先 N_2 鼓泡除气）。室温及 N_2 气氛下，将 0.10mL 的 KOH 溶液逐份滴加到 L 的混合溶液中，每次滴加完搅拌 5min 后，先测定溶液 pH 值再滴加下一份 KOH 溶液。待溶液 pH 变化出现较明显突跃时，代表基本到达滴定终点，可以结束滴定。

2. 金属配体（RuL_3）的 pK_a 测定

配制 1.70mmol/L 的 RuL_3 的混合溶液（25.00mL H_2O + 25.00mL DMSO）和 100.00mmol/L 的 KOH 水溶液（备注：溶剂要预先 N_2 鼓泡除气）。室温及 N_2 气氛下，将 0.05mL 的 KOH 溶液逐份滴加到 RuL_3 的溶液中，后续操作与上述基本类似。

3. 分子笼（MOC-16）的 pK_a 测定

配制 0.17mmol/L 的 MOC-16 的混合溶液（25.00mL H_2O + 25.00mL DMSO）和 90.00mmol/L 的 KOH 水溶液（备注：溶剂要预先 N_2 鼓泡除气）。室温及 N_2 气氛下，将 0.05mL 的 KOH 溶液逐份滴加到 MOC-16 的溶液中，后续操作与上述基本类似。

【注意事项】

1. pH 计使用前要用标准缓冲溶液进行校正。

2. 为了保证分析测量数据的准确性，待测物及分析物均应保证较高的纯度，使用前要充分干燥除水。

【思考题】

1. 滴定前溶剂鼓泡除气主要去除的是哪种气体？为什么滴定操作要在 N_2 气氛下进行？

2. 金属配体 RuL_3 的滴定曲线为什么要分成两部分，分别用二元酸和一元酸模型来处理？

3. 近似处理是分析化学上常用的数据处理方法。分子笼 MOC-16 结构上有 24 个 NH 基团，意味着有 24 个 pKa 值，如此多的待测值可以采用什么样的近似处理方法来简化数据拟合？

参考文献

[1] Li K, Wu K, Fan Y Z, et al. Acid Open-Cage Solution Containing Basic Cage-Confined Nanospaces for Multiple Catalysis [J]. National Science Review, 2021, 8：nwab155.

[2] 王夔，陈贤萱. 电位法测定多元酸电离常数（Ⅱ）[J]. 分析试验室，1985，4：45-51.

附：实验结果与标准谱图（图 S1～S6，表 S1～S5）及数据处理

1. 实验结果图

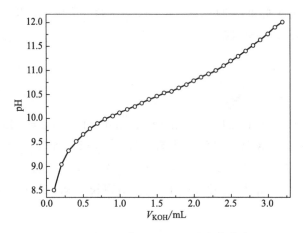

图 S1　有机配体（L）的电位滴定曲线

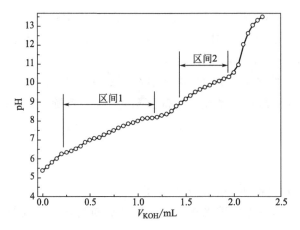

图 S2　金属配体（RuL$_3$）的电位滴定曲线

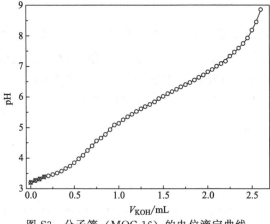

图 S3　分子笼（MOC-16）的电位滴定曲线

2. 数据处理

表 S1　一元酸模型处理有机配体（L）滴定数据

pH	$\overline{n}_H$	$\lg\dfrac{\overline{n}_H}{1-\overline{n}_H}$	pK_a	V_{KOH}/mL	pH	$\overline{n}_H$	$\lg\dfrac{\overline{n}_H}{1-\overline{n}_H}$	pK_a
6.14	1.00			1.20	10.26	0.55	0.09	10.35
8.51	0.96	1.38		1.30	10.33	0.52	0.03	10.36
9.05	0.92	1.06		1.40	10.40	0.49	−0.02	10.38
9.33	0.88	0.86		1.50	10.47	0.46	−0.07	10.40
9.52	0.84	0.72		1.60	10.54	0.43	−0.12	10.42
9.67	0.81	0.63	10.30	1.70	10.57	0.39	−0.19	10.38
9.79	0.77	0.52	10.31	1.80	10.64	0.36	−0.25	10.39
9.90	0.73	0.43	10.33	1.90	10.71	0.34	−0.29	10.42
9.99	0.70	0.37	10.36	2.00	10.79	0.32	−0.33	10.46
10.05	0.66	0.29	10.34	2.10	10.86	0.30	−0.37	10.49
10.12	0.62	0.21	10.33	2.20	10.93	0.29	−0.39	
10.20	0.59	0.16	10.36	2.30	11.00	0.28	−0.41	

注：最终有机配体（L）的 pK_a 参考值为 10.38（0.04）。

表 S2　二元酸模型处理金属配体（RuL₃）第一区间滴定数据

V_{KOH}/mL	pH	$\overline{n}_H$	$\dfrac{(2-\overline{n}_H)[H]}{1-\overline{n}_H}$	$\dfrac{\overline{n}_H}{(1-\overline{n}_H)[H]}$
0.75	7.49	1.12		
0.80	7.63	1.06		
0.85	7.74	0.99		
0.90	7.85	0.93	2.16×10^{-7}	9.42×10^{8}
0.95	7.91	0.88	1.15×10^{-7}	5.96×10^{8}
1.00	8.00	0.82	9.33×10^{-8}	4.56×10^{8}
1.05	8.12	0.75	3.79×10^{-8}	3.96×10^{8}
1.10	8.14	0.69	3.52×10^{-8}	2.68×10^{8}
1.15	8.16	0.63	2.56×10^{-8}	2.46×10^{8}
1.20	8.20	0.57	2.10×10^{-8}	2.10×10^{8}

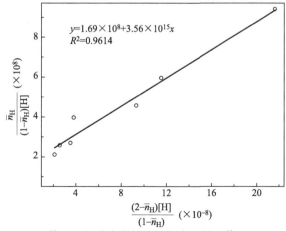

$$y=1.69\times10^{8}+3.56\times10^{15}x$$
$$R^2=0.9614$$

图 S4　RuL₃ 第一区间滴定数据线性拟合金属配体 pK_{a1} 和 pK_{a2}

注：拟合结果参考值为 $pK_{a1}=7.32$（0.04），$pK_{a2}=8.23$（0.05）。

表 S3　一元酸模型处理金属配体 RuL₃ 第二区间滴定数据

V_{KOH}/mL	pH	$\bar{n}_H$	$\lg\dfrac{\bar{n}_H}{1-\bar{n}_H}$	pK_a
1.45	8.96	0.94	1.19	10.15
1.50	9.16	0.89	0.91	10.07
1.55	9.34	0.83	0.69	10.03
1.60	9.52	0.78	0.55	10.07
1.65	9.66	0.73	0.43	10.09
1.70	9.79	0.68	0.33	10.12
1.75	9.89	0.63	0.23	10.12
1.80	10.03	0.59	0.16	10.19
1.85	10.11	0.54	0.07	10.18
1.90	10.23	0.51	0.03	10.25
1.95	10.34	0.48	−0.03	10.31

注：金属配体 RuL₃ 的 pK_{a3} 参考值为 10.14（0.07）。

表 S4　三元酸模型处理 MOC-16 滴定数据（$\bar{n}_H$：0.64～0.93）

V_{KOH}/mL	pH	$\bar{n}_H$	$\dfrac{(2-\bar{n}_H)[H]}{1-\bar{n}_H}$	$\dfrac{\bar{n}_H}{(1-\bar{n}_H)[H]}$
1.70	6.71	0.93	2.98×10^{-6}	6.81×10^{7}
1.75	6.81	0.87	1.35×10^{-6}	4.32×10^{7}
1.80	6.90	0.81	7.89×10^{-7}	3.38×10^{7}
1.85	7.00	0.76	5.17×10^{-7}	3.17×10^{7}
1.90	7.10	0.70	3.44×10^{-7}	2.94×10^{7}
1.95	7.17	0.64	2.55×10^{-7}	2.63×10^{7}

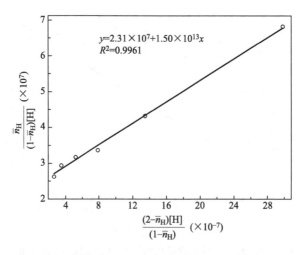

$y=2.31\times10^{7}+1.50\times10^{13}x$
$R^2=0.9961$

图 S5　线性拟合分子笼 MOC-16 的累积加质子常数 β_1^H 和 β_2^H（初始值）

表 S5 三元酸模型处理 MOC-16 滴定数据（$\overline{n}_H$: 1.24～1.90）

V_{KOH}/mL	pH	$\overline{n}_H$	$\dfrac{(3-\overline{n}_H)[H]}{2-\overline{n}_H}$	$\dfrac{\overline{n}_H-\beta_1^H(1-\overline{n}_H)[H]}{(2-\overline{n}_H)[H]^2}$
0.90	5.43	1.90	4.09×10^{-5}	5.74×10^{13}
0.95	5.52	1.84	2.19×10^{-5}	4.14×10^{13}
1.00	5.61	1.78	1.36×10^{-5}	3.48×10^{13}
1.05	5.68	1.72	9.55×10^{-6}	2.99×10^{13}
1.10	5.75	1.66	7.02×10^{-6}	2.67×10^{13}
1.15	5.84	1.60	5.04×10^{-6}	2.60×10^{13}
1.25	6.02	1.49	2.83×10^{-6}	2.64×10^{13}
1.35	6.17	1.36	1.73×10^{-6}	2.39×10^{13}
1.45	6.32	1.24	1.11×10^{-6}	2.23×10^{13}

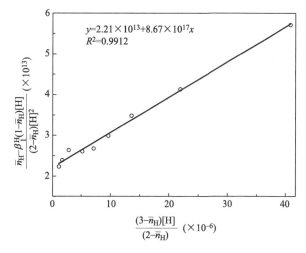

图 S6 线性拟合分子笼 MOC-16 的累积加质子常数 β_2^H（准确值）和 β_3^H

最终通过线性拟合得到的三组累积加质子常数 β_1^H、β_2^H 和 β_3^H，可以计算得到 MOC-16 经过简化和平均化处理后的三组 pK_a，参考值分别为 $pK_{a1av}=4.59$（0.02），$pK_{a2av}=5.98$（0.02），$pK_{a3av}=7.36$（0.03）。

实验 15 MOC-16 单线态氧产率的测定

【实验目的】

1. 了解单线态氧的基本概念及产生机理。

2. 掌握单线态氧产率测定的原理和方法。

3. 利用紫外-可见吸收光谱，测试 MOC-16 的单线态氧产率。

【实验原理】

1. 单线态氧的基本概念

单线态氧（Singlet oxygen，$^1O_2$）即激发态氧分子。基态氧原子（三线态氧分子）被激发后，原本两个 $2p\pi^*$ 轨道中两个平行的电子，既可以同时占据一个 $2p\pi^*$ 轨道，自旋相反；也可以分别占据两个 $2p\pi^*$ 轨道，自旋相反。两种激发态，$S=0$，$2S+1=1$，即它们的自旋多重性均为 1，是单重态（分别用 $^1\Delta g$ 和 $^1\Sigma g^+$ 表示）。因此，激发态氧分子又称为单线态氧 $^1O_2$。单线态氧是具有很强活性的氧自由基，具细胞毒性作用，以细胞膜、线粒体等部位对其最为敏感，能与细胞中多种生物大分子发生作用，通过与分子结合造成细胞系统的损伤。

2. 单线态氧的产生机理

在光敏化剂参加下发生的氧化反应统称光敏化氧化反应。使用特定波长的激发光源照射光敏剂后，光敏剂从基态（S_0）跃迁到激发单重态（S_1），再通过系间窜越的形式跃迁到激发三重态（T_1）。T_1 经过光化学反应，通过能量转移将周围的三重态氧分子（$^3O_2$）转化为具有广泛生物毒性的单线态（$^1O_2$）。

$$\text{sens(基态)} \xrightarrow{h\nu} {}^1\text{sens}$$

$$^1\text{sens} \xrightarrow{\text{系间窜越}} {}^3\text{sens}$$

$$^3\text{sens}+{}^3O_2 \xrightarrow{\text{能量传递}} \text{sens(基态)}+{}^1O_2$$

图 1　光敏化产生单线态氧的机理示意图

3. 单线态氧量子产率的测试

通过参比法进行测试，使用可以捕获单线态氧的 DPBF（3-二苯基异苯并呋喃）作为指示剂，[Ru（bpy)$_3$] Cl_2 作为标准物质，带有 460nm 滤光片的氙灯作为光源，用紫外-可见分光光度计测量溶液的吸收光谱，测量范围为 250～550nm。通过观察光照条件下 410nm 处 DPBF 的特征吸收峰强度随时间的变化，间接地对 $^1O_2$ 进行定量检测。单线态氧产率 ϕ 可以通过以下公式求出：

$$\phi=\phi_{\Delta}(\text{Std})\frac{S_{\text{PS}}\times F_{\text{Std}}}{S_{\text{Std}}\times F_{\text{PS}}}$$

式中，S_{PS}、S_{Std} 分别为待测物和标准物以 DPBF 在 410nm 处吸收值变化相对光照时间所作得曲线的斜率；F 为吸收校正因子，$F=1-10^{-\text{OD}}$（OD 代表 460nm 处的吸光度）。

4. 金属配体和 MOC-16 的单线态氧产率比较

通过实验发现，DPBF 在 MOC-16 溶液中的吸光度变化值大于同样浓度下的金属配体，即 MOC-16 的单线态氧产率要明显高于单独的金属配体，从而体现了 MOC-16 作为多中心集成的笼效应，使得整体的单线态氧产率增高。

【仪器试剂】

1. 仪器：紫外-可见-近红外分光光度计（岛津 UV3600，日本岛津公司），氙灯（北京泊菲莱科技有限公司），移液枪等。

2. 试剂：MOC-16 粉末样品，Ru（bpy)$_3$$Cl_2$，DPBF（3-二苯基异苯并呋喃），乙腈，超纯水等。

【实验步骤】

1. 测试样品的准备

避光条件下，分别配制 0.5mmol/L MOC-16 的乙腈溶液、50μmol/L DPBF 的乙腈溶液以及 12mmol/L Ru（bpy）$_3$Cl$_2$ 的乙腈溶液。

2. 利用光功率计控制氙灯的光照强度在 23mW/cm^2。

3. MOC-16 单线态氧产率的测试

（1）分别于两洁净紫外比色皿中加入 3mL 乙腈溶液，参照之前实验中紫外测试方法扫描参比，测试空白。

（2）从实验组的紫外比色皿中取出 30μL 乙腈溶液，加入 30μL 配制好的待测 MOC-16 溶液，测试无光照条件的紫外吸收光谱，确保待测物在 460nm 处的吸光值在 0.15 左右。

（3）取出实验组的紫外比色皿，向其中加入 30μL 配制好的 DPBF 溶液，混匀后测试无光照条件 0min 时的紫外吸收光谱。

（4）取出实验组的紫外比色皿，置于氙灯下照射 1min 后测试紫外吸收光谱。

（5）重复操作（4），每隔 1min 记录一次体系的紫外吸收光谱，直至 20min。

4. Ru（bpy）$_3$Cl$_2$ 标准样品的测试

测试步骤与 MOC-16 样品相同。

【数据处理】

1. 借用画图软件 Origin 作出不同光照时间下 MOC-16 和 Ru（bpy）$_3$Cl$_2$ 的紫外吸收光谱。

2. 选取 MOC-16 体系中，不同时间点 410nm 处的吸光度值，作吸光度值变化对时间的曲线图，得到 S_{PS}。

3. 选取 Ru（bpy）$_3$Cl$_2$ 体系中，不同时间点 410nm 处的吸光度值，作吸光度值变化对时间的曲线图，得到 S_{Std}。

4. 按照公式计算出待测物的单线态氧产率。

【注意事项】

1. 待测样 MOC-16 和标准样 Ru（bpy）$_3$Cl$_2$ 在 460nm 处的吸光度值，需确保在 0.15 左右才可以加入 DPBF 进行测量。

2. 在光照之后，一定要混合均匀才能进行紫外吸收光谱的测试。

【思考题】

1. MOC-16 在光照条件下，还可以产生除单线态氧外的哪些活性氧物质？

2. 查阅相关资料，列举其他测试物质单线态氧产率的方法。

参考文献

[1] 郑哲，张国龙，王秀丽. 单线态氧在光动力治疗中的作用机制及检测方法 [J]. 中国激光医学杂志，2019，4：219-223.

[2] 王自军，薛梅. 单线态氧的光敏作用及其生物学意义 [J]. 石河子大学学报（自然科学版），2004，22：450-454.

[3] Li S P Y，Lau C T S，Louie M W，et al. Mitochondria-targeting cyclometalated iridium（Ⅲ）-PEG complexes with tunable photodynamic activity [J]. Biomaterials，2013，34：7519-7532.

附：实验结果与标准谱图（图 S1～S4）

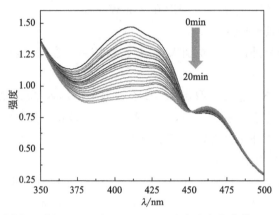

图 S1　不同光照时间 DPBF 在 MOC-16 乙腈溶液中的紫外-可见吸收光谱

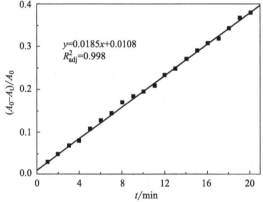

图 S2　MOC-16 乙腈溶液中 410nm 处 DPBF 的吸光度值随时间变化图

A_0—初始 0min 时 410nm 处的吸光度值；A_t—光照 $t$min 后 410nm 处的吸光度值

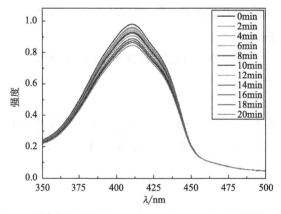

图 S3　不同光照时间 DPBF 在 Ru（bpy）$_3$Cl$_2$ 乙腈溶液中的

紫外-可见吸收光谱

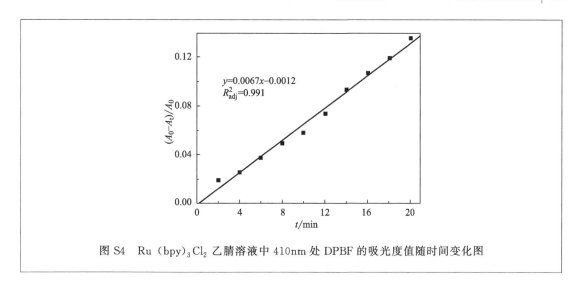

图 S4 Ru（bpy）$_3$Cl$_2$ 乙腈溶液中 410nm 处 DPBF 的吸光度值随时间变化图

实验 16 MOC-16 的激光共聚焦细胞成像

【实验目的】

1. 了解激光共聚焦成像的基本原理。
2. 掌握激光共聚焦成像的操作规程和测试方法。
3. 学习有机金属超分子笼在细胞成像中的实验方法。

【实验原理】

1. 激光共聚焦成像原理

激光扫描共聚焦显微镜除了包括普通光学显微镜的基本构造外，还包括激光光源、扫描装置、检测器、计算机系统（包括数据采集、处理、转换、应用软件）、图像输出设备、光学装置和共聚焦系统等部分（图 1）。用于激发荧光的激光束透过激发针孔被分光器反射，通过显微物镜汇聚后，入射于待观察的标本内部焦点处。激光激发产生的荧光和少量反射激光，一起被物镜重新收集后送往分光器。其中携带图像信息的荧光由于波长较长，直接通过分光器，并透过检测针孔到达光电探测器，变成电信号后送入计算机。

由于只有焦平面上的点所发出的光才能通过检测针孔，因此焦平面上的观察点呈现亮色，而非观察点则呈黑色背景，反差增加，图像清晰。在成像过程中，检测针孔的位置始终与显微物镜的焦点一一对应，因而被称为共聚焦显微技术。光焦点在焦平面逐点逐行移动，将采集到的光信号直接传输到控制电脑，经光电信号转换后，控制软件可以把样品焦平面光信号进行虚拟成像，样品表面光信号强度以灰度表示，也可以渲染上色，对图像信息进行更好的展示和分析。在荧光显微镜成像基础上加装了激光扫描装置，利

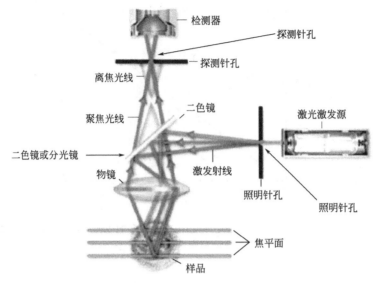

图 1 激光共聚焦成像原理

用计算机进行图像处理，使用紫外或可见光激发荧光探针，从而得到细胞或组织内部微细结构的荧光图像（如图 2）。

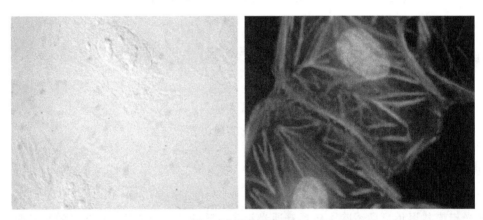

图 2 共聚焦成像图

在生物传感和生物成像的应用领域中，近红外光（700～1100nm）激发的双光子发光材料与传统的单光子激发的材料相比，具有更低的光漂白效应，对细胞结构的光损伤更小，背景干扰小，穿透深度更长。在双光子光动力治疗中，比起传统的单光子光敏剂，双光子光敏剂能够用较低能量的波长进行治疗，从而减少了对健康组织的损害。因而双光子共聚焦成像相比单光子具有明显的优势。

2. 有机金属笼 MOC-16 用于细胞膜靶向的单、双光子共聚焦成像

MOC-16 由钌多吡啶类配合物（金属配体 RuL_3）和金属离子 Pd^{2+} 组装形成。钌多吡啶类配合物往往具有良好的生物相容性、易于结构修饰、较高的热稳定性、较长的三线态寿命和潜在的双光子吸收等优势，这是 MOC-16 的单、双光子发光性质得以实现的基础。同时，MOC-16 分子笼上具有许多咪唑基团。咪唑环中的 1-位氮原子的未共用电子对参与环状共

轭，氮原子的电子密度降低，使这个氮原子上的氢易以氢离子形式离去，从而导致 MOC-16 具有 pH 依赖的光物理和细胞成像性质。此外，由于 MOC-16 的＋28 高电荷，使其本身赋予金属笼一定的水溶解性和去质子化的能力，同时仍然保持一定的疏水性，与带负电的细胞膜可以发生快速的静电结合作用，从而实现了对细胞膜的快速靶向和示踪。

【仪器试剂】

1. 仪器：Zeiss 激光共聚焦显微镜 LSM880（德国蔡司公司），激光共聚焦培养皿，二氧化碳培养箱等。

2. 试剂：待测 MOC-16 样品，不同 pH 的 PBS（胎牛血清），DMSO，海拉（Hela）细胞，培养基等。

【实验步骤】

1. 细胞培养

将 Hela 细胞培养在含有 10％ PBS、$100\mu g/mL$ 链霉素和 $100\mu g/mL$ 青霉素和 DMEM（含各种氨基酸和葡萄糖的培养基）的完全培养基中，并将细胞在 37℃ 的恒定温度下，提供 5％ CO_2 和 95％ 空气潮湿的培养箱中培养。

2. 共聚焦细胞成像

将 Hela 细胞接种在 35mm 共聚焦培养皿中培养 24h 后，将贴壁细胞用 pH 为 7.4 的 PBS 冲洗三遍，然后将 $6\mu mol/L$ 的 MOC-16 的 PBS 溶液 [pH 7.4，1％（v/v）DMSO] 在室温下孵育 10min，然后用 PBS 清洗三遍，立即在 Zeiss LSM880 下成像。激发波长和发射波长分别为 405nm（单光子）、810nm（双光子）和（620±20）nm。

3. 将 pH 改为 5.3 或者 6.0 的 PBS 缓冲溶液，同样进行激光共聚焦细胞成像。

【注意事项】

1. 注意操作细胞时需要无菌操作。
2. 使用 PBS 冲洗细胞时需要轻柔沿壁加入，使用十字法轻轻摇晃清洗。

【思考题】

1. 请查阅相关资料，分析荧光成像和激光共聚焦成像的相同点和不同点。
2. 试分析 MOC-16 具有哪些生物诊疗领域的性能应用前景。

参考文献

[1] Wang Y，Wu K，Pan M，et al. One-/Two-Photon Excited Cell Membrane Imaging and Tracking by a Photoactive Nanocage [J]. ACS Applied Materials & Interfaces，2020，12：35873-35881.

[2] 郝立凯，郭圆，姜娜，等. 激光扫描共聚焦荧光显微镜技术及其在地球生物学中的应用 [J]. 矿物岩石地球化学通报，2020，6：1141-1172.

附：实验结果与标准谱图（图 S1）

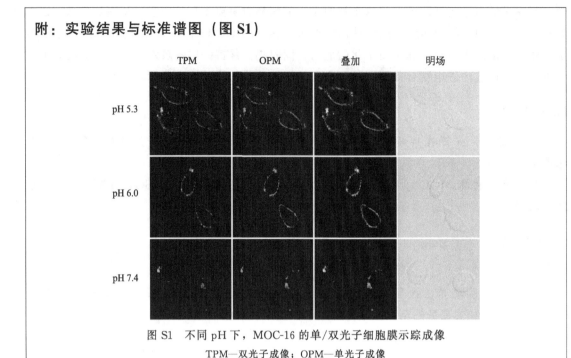

图 S1　不同 pH 下，MOC-16 的单/双光子细胞膜示踪成像

TPM—双光子成像；OPM—单光子成像

实验 17　利用核磁研究 MOC-16 的主-客体化学

【实验目的】

1. 了解超分子有机金属笼与客体发生主-客体相互作用的驱动力。
2. 学习核磁共振氢谱技术在主-客体化学研究中的应用。
3. 利用核磁研究 MOC-16 与菲以及芘的主-客体化学。

【实验原理】

1. 主-客体相互作用的驱动力

主-客体是指由有两个（或多个）分子（或离子）通过氢键、金属-配体作用、范德华力、离子配对等非共价键聚集在一起的，具有独特主体和客体结构关系的复合物。主体通常是一个大分子或聚集体，如酶或大环；客体可以是一个离子，简单的中性有机分子，或者更复杂的生物大分子。有机金属分子笼通常具有一定的内部空腔体积，可以容纳客体分子进入空腔内部，因此是一种理想的主体模型。对于有机金属分子笼的主-客体化学的研究一般是在溶液中进行的，客体要进入到主体空穴中与笼子结合，需要一定的驱动力来诱导。目前研究较为广泛的驱动作用包括氢键作用、π-π 堆积作用、静电作用和疏水作用等。其中疏水作用是指非极性分子之间的一种弱的非共价相互作用。这些非极性的分子在水相环境中，具有避开水而相互聚集的倾向，实际上是一种熵增加效应。如果笼状化合物具有水溶性，就可以有效利用疏水作用将憎水的客体分子装入笼内，从而发生主-客体相互作用。

2. 核磁共振氢谱技术在主-客体化学研究中的应用

核磁共振氢谱技术可以提供主-客体在溶液中的结构及其结构变化的丰富信息。通过做核磁滴定并对谱图进行叠加，观察主-客体较游离客体和游离主体的峰位置及峰强度的变化，即可判断所研究的主体分子与客体分子是否有发生主-客体相互作用。若发生作用，还可进一步获得它们的作用位点、作用比及稳定常数等。扩散排序核磁谱（DOSY）也是一种研究主-客体相互作用的非常有用的表征手段，其中扩散系数在一定程度上反映了溶液中分子的尺寸大小。

笼子的空腔因可以赋予其独特的化学微环境，基于客体分子的尺寸、形状和构象，其空腔可以通过各种作用力包合与之相匹配的客体分子。MOC-16 是由芳香性刚性有机分子和金属离子构筑得到的，在框架上并没有亲水的官能团，因此其内部空腔是疏水的。因此，可利用"疏水作用"将一些不溶于水的有机客体分子包裹进笼子，通过核磁等监测手段来研究主-客体的相互作用。

本实验利用核磁共振氢谱技术，研究金属有机分子笼 MOC-16 与非极性芳香有机分子菲以及苝的主-客体化学性质（图 1）。通过对比滴定谱图可以发现，与游离的 MOC-16 和客体菲相比，随着客体的加入，客体分子的质子信号向高场移动，而笼子的峰从 7 组裂分成 10 组（图 S1）。属于吡啶基团部分的 4 组峰均向低场发生了明显的位移，而与 Ru 配位的邻菲罗啉基团部分的 3 组峰，均向高场发生位移的同时各自发生了裂分。这表明客体分子与笼子的邻菲罗啉部分发生了 π-π 相互作用。此外，质子信号的积分表明，一个笼子大约可结合 18±2 个客体分子菲。

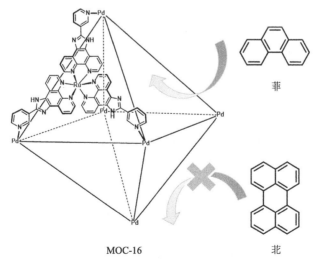

图 1　MOC-16 和客体分子菲以及苝的结构及相互作用示意图

MOC-16@菲的 DOSY 测试显示，笼子与菲的扩散系数几乎相等（图 S2）。这表明菲与笼子发生了很强的包合作用。利用 Stokes-Einstein 方程，计算得到包裹有客体的笼子的动力学半径为 18Å。相比之下，对于更大尺寸的芘，没有检测到明显的客体包合行为（图 S3）。这表示笼子对客体包合的尺寸选择性，笼子的菱形窗不足以让较大的客体芘自由通过。

【仪器试剂】

1. 仪器：Bruker AVANCE Ⅲ型 400MHz 超导核磁共振谱仪（德国布鲁克公司），核磁管等。

2. 试剂：MOC-16 粉末样品，氘代二甲基亚砜（DMSO-d_6），重水（D_2O）等。

【实验步骤】

1. 核磁滴定

（1）分别配制浓度为 0.3mmol/L 的 MOC-16 的 DMSO-d_6∶D_2O＝1∶2（v/v）溶液 800～900μL，和 0.12mol/L 的菲以及芘的 DMSO-d_6 溶液 70～100μL。

（2）分别取 20μL 的菲以及芘的 DMSO-d_6 溶液于两根核磁管，并向两根核磁管依次分别补加 130μL 的 DMSO-d_6 和 300μL 的 D_2O，混匀后进行 ^{1}H NMR 测试，即可获得游离客体菲以及芘的 ^{1}H NMR 谱图。

（3）向两根洁净干燥的核磁管中分别加入 400μL 的 MOC-16 溶液，并对其中一根进行 ^{1}H NMR 测试，得到游离主体 MOC-16 的 ^{1}H NMR 谱图。

（4）向上述测试完的核磁管（游离 MOC-16 溶液）中加入 3μL 的 0.12mol/L 的菲溶液，混匀后进行核磁测试，得到 n（MOC-16）∶n（菲）＝1∶3 的 ^{1}H NMR 谱图。

（5）重复上述操作，直至主-客体信号均不再发生变化。

（6）同样，向装有 MOC-16 的另外一根核磁管中加入 3μL 的芘溶液，混匀后进行核磁测试，然后重复此操作，直至主-客体信号均不再发生变化。

2. 主-客体 DOSY

对上述核磁滴定中核磁信号变化达到稳定后的样品管进行 ^{1}H-DOSY 测试，并通过 Stokes-Einstein 方程计算得到包裹有客体的笼子的动力学半径。

【数据处理】

1. 对核磁数据进行相位校正，选取 DMSO-d_6 作为定标基准，并设定为 2.5ppm。

2. 将 MOC-16 与菲的核磁滴定的一系列谱图，和游离 MOC-16 以及游离菲的 ^{1}H NMR 谱图进行叠加，并分析其变化规律，进而判断 MOC-16 与菲能否发生主-客体相互作用。若能，进一步根据主-客体的核磁信号变化说明它们是如何作用的，并根据主-客体复合物的核磁谱图中 MOC-16 与菲的积分面积比，大致计算出它们的作用比。

3. 将 MOC-16 与芘的核磁滴定的一系列谱图，和游离 MOC-16 以及游离芘的 ^{1}H NMR 谱图进行叠加，并分析其变化规律，进而判断 MOC-16 与芘能否发生主-客体相互作用。

4. 根据主-客体的 ^{1}H-DOSY 谱图与 Stokes-Einstein 方程相结合，计算出包裹有客体的笼子的动力学半径。

【注意事项】

1. 溶解 MOC-16 样品时，应先用 DMSO-d_6 全部溶解后再加入重水以保证完全溶解。

2. 测试主-客体的核磁谱图之前，一定要将核磁管中的组分混匀。

【思考题】

1. 为什么有机金属分子笼 MOC-16 能与尺寸、形状以及构象合适的非极性芳香有机分子发生主-客体相互作用？

2. 基于 MOC-16 的结构特性，还可跟哪些类型的客体发生主-客体作用？

3. 除了核磁，目前用于研究主-客体相互作用的方法还有哪些？

参考文献

[1] Li K，Zhang L Y，Yan C，et al. Stepwise Assembly of Pd$_6$（RuL$_3$）$_8$ Nanoscale Rhombododecahedral Metal－Organic Cages via Metalloligand Strategy for Guest Trapping and Protection [J]．Journal of the American Chemical Society，2014，136：4456-4459.

[2] 李康. 多吡啶类含钌（Ⅱ）金属基超分子配合物的设计、组装和性能研究 [D]. 广州：中山大学，2014.

附：实验结果与标准谱图（图 S1～S3）

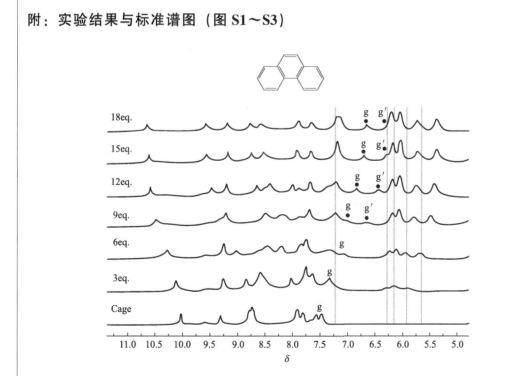

图 S1　MOC-16 与菲作用的核磁滴定谱图［DMSO-d_6：D$_2$O＝1：2（v/v），298K］

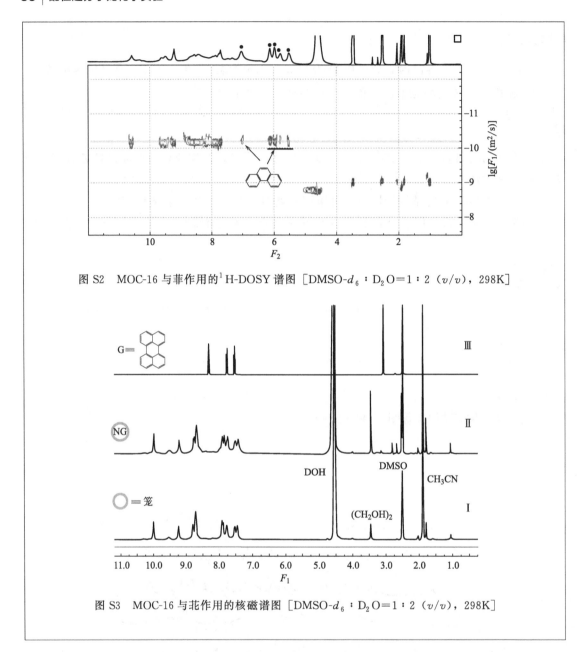

图 S2　MOC-16 与菲作用的[1]H-DOSY 谱图 ［DMSO-d_6：D_2O=1：2（v/v），298K］

图 S3　MOC-16 与芘作用的核磁谱图 ［DMSO-d_6：D_2O=1：2（v/v），298K］

实验 18　MOC-16 与光引发剂有机分子的主-客体相互作用

【实验目的】

1. 了解光引发剂的概念及种类。

2.通过核磁氢谱，测试分析 MOC-16 与光引发剂有机分子的主-客体相互作用。

【实验原理】

1. 光引发剂的概念及种类

光引发剂的基本作用特点为，引发剂分子在紫外光区（250～420nm）或可见光区（400～800nm）有一定吸光能力，在直接或间接吸收光能后，引发剂分子从基态跃迁到活泼的激发单线态，还可以继续经系间窜越后跃迁至激发三线态。在其激发单线态或激发三线态经历单分子或双分子化学作用后，产生能够引发单体聚合的活性碎片。根据其所产生的活性碎片不同，光引发剂可以分为自由基聚合光引发剂与阳离子聚合光引发剂。

（1）自由基聚合光引发剂　自由基光引发剂按光引发剂产生活性自由基的作用机理不同，主要分为两大类：裂解型光引发剂，也称 Norrish Ⅰ型光引发剂；夺氢型光引发剂，也称 Norrish Ⅱ型光引发剂。

所谓裂解型光引发剂，是指引发剂分子吸收光能后跃迁至激发单线态，经系间窜越到激发三线态。在激发单线态或三线态时，分子结构呈不稳定状态，其中的弱键会发生均裂，产生初级活性自由基，从而对乙烯基类单体进行引发聚合，主要包括安息香及其衍生物、苯乙酮类、酰基膦氧化物等。除使用了光敏剂外，光化学过程大多为单分子机理。

$$X-Y \xrightarrow{hv} (X \cdots Y)^{\cdot} \longrightarrow X^{\cdot} + Y^{\cdot}$$

夺氢型光引发剂一般以芳香酮结构为主，还包括某些稠环芳烃，它们具有一定的吸光性能。而与之匹配的助引发剂，即氢供体，本身在常用长波紫外光范围内无吸收。夺氢型光引发剂吸收光能，在激发态与助引发剂发生双分子作用，产生活性自由基。主要包括：活性胺、二苯甲酮、硫杂蒽酮及其衍生物、蒽醌、香豆酮及樟脑酮等。

$$X \xrightarrow{hv} X^{\cdot} \xrightarrow{RH} XH^{\cdot} + R^{\cdot}$$

（2）阳离子聚合光引发剂　阳离子聚合光引发剂通常有芳香重氮盐、芳香硫鎓盐和碘鎓盐、二茂铁盐类等几种。阳离子聚合通常要求在低温、无水条件下进行，比自由基聚合苛刻。它的基本作用是光活化到激发态，分子发生系列分解反应，最终产生超强质子酸或路易斯酸。之所以称为超强酸，是因为与酸中心配对的阴离子亲核性非常弱，酸中心束缚很小。酸性不强说明配对的阴离子具有较强的亲核性，容易和碳正离子中心结合，阻止链增长。

2.MOC-16 的光引发剂保护作用

含钌有机金属分子笼 MOC-16，因其在紫外-可见区具有较宽的吸收色带和较大的摩尔消光系数以及良好的光致发光性能，同时由于分子笼具有包合客体分子的特性，因而会与光引发剂具有独特的相互作用。分别选取安息香双甲醚（2,2-dimethoxy-2-phenylacetophe-none，DMPA）、1-羟基环己基苯基甲酮（1-hydroxycyclohexylphenylketone，HCPK）以及2-羟基-2-甲基-苯丙酮（2-hydroxy-2-methylpropiophenone，HMPP）三种 Norrish Ⅰ型光引发剂作为客体分子，对其与 MOC-16 的主-客体光化学作用特性进行研究（图 1）。

【仪器试剂】

1. 仪器：紫外-可见分光光度计（日本岛津公司），Bruker AVANCE Ⅲ 400（400MHz）型超导核磁共振谱仪（德国布鲁克公司），紫外光灯，1mL 塑料注射器，0.45μm 过滤头，

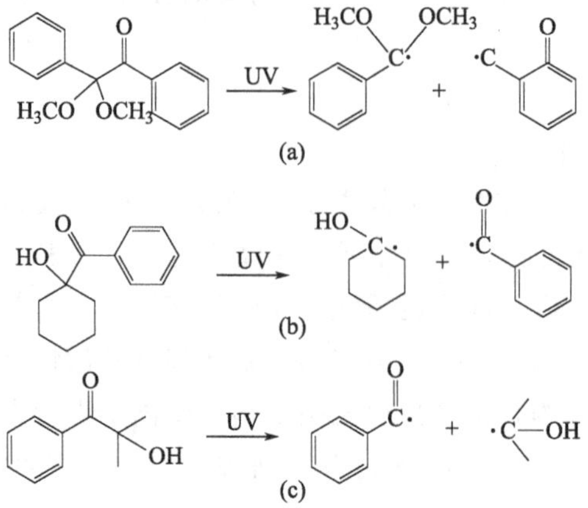

图 1 三种光引发剂分子的光裂解过程 （a）DMPA；（b）HCPK；（c）HMPP

1000μL 移液枪，核磁管，比色皿等。

2. 试剂：安息香双甲醚，1-羟基环己基苯基甲酮，2-羟基-2-甲基-苯丙酮，DMSO，MOC-16，DMSO-d_6，D_2O 等。

【实验步骤】

1. 光引发剂的光稳定性测试

分别配制 DMPA、HCPK、HMPP 浓度为 1×10^{-5} mol/L、溶剂为 DMSO 的溶液，测得三种光引发剂分子光照前的紫外-可见吸收光谱。用 365nm 光照 10min 后，测得三种光引发剂分子光照后的紫外-可见吸收光谱。

2. 主-客体溶液样品配制

（1）将 6.8mg（0.0005mmol）MOC-16 溶解在 150μL DMSO-d_6 溶液中，向该溶液中再加入 300μL D_2O，将 1mg 的 DMPA 固体粉末加入溶液中，常温搅拌 10min，过滤未溶解的固体（注：为了减少溶液损失，使用 1mL 塑料注射器和 0.45μm 过滤头进行过滤），得到 MOC-16 与 DMPA 主-客体溶液样品。

（2）MOC-16 与 HCPK 主-客体溶液样品的配制与上述方法一致。

（3）由于 HMPP 常温下是液体，所以主-客体溶液样品配制方法与以上两种光敏剂略有不同。将 6.8mg（0.0005mmol）MOC-16 溶解在 150μL DMSO-d_6 溶液中，向该溶液中再加入 300μL D_2O，最后将 10μL（0.004mmol）HMPP 的溶液（DMSO-d_6）加入其中，得到 MOC-16 与 HMPP 主-客体溶液样品。

3. 核磁氢谱表征

（1）测试笼子（MOC-16）在 DMSO-d_6：D_2O＝1：2（v/v）混合溶剂中的氢谱；

（2）测试光引发剂在 DMSO-d_6 的氢谱；

（3）测试 MOC-16 与光引发剂分子主-客体溶液样品的氢谱；

（4）将上述光引发剂样品，以及其与 MOC-16 的主-客体样品在 365nm 紫外光灯（20W，与样品距离 5cm）下照射 3h 后，进行核磁氢谱测定；

（5）对所测定的光照前后的核磁谱图进行比较。

【数据处理】

    1. 分析光引发剂分子光照前后紫外-可见吸收光谱吸收峰的变化。

    2. 根据客体氢谱峰的变化，分析 MOC-16 分别与三种光引发剂分子的主-客体作用。

【注意事项】

    光照时注意样品的温度，必要时需配备散热风扇或循环冷凝水，防止样品温度过高。

【思考题】

    1. 如何通过核磁氢谱，判断 MOC-16 与光引发剂分子之间有主-客体作用？为什么会有这样的变化？

    2. 试分析 MOC-16 对光引发剂分子的光保护作用来源是什么。

参考文献

[1]　周诗彪，肖安国，庄永兵，等. 高分子研究与应用［M］. 南京：南京大学出版社，2012.

[2]　李善君，等. 高分子光化学原理及应用［M］. 上海：复旦大学出版社，1993.

[3]　李康. 多吡啶类含钌（Ⅱ）金属基超分子配合物的设计、组装和性能研究［D］. 广州：中山大学，2014.

实验 19　电子顺磁共振在 MOC-16 主-客体研究中的应用

【实验目的】

    1. 了解电子顺磁共振波谱仪的基本原理、构造及用途。

    2. 学习顺磁共振波谱仪的基本制样方法和测试步骤。

    3. 利用电子顺磁共振波谱仪测定四硫富瓦烯（TTF）自由基阳离子与 MOC-16 的相互作用。

【实验原理】

    1. 电子顺磁共振的基本原理

    电子顺磁共振（EPR）是一种可检测含有未成对电子的物质的波谱学技术。该技术又称为电子自旋共振（ESR）技术。含有未成对电子（自由电子）的材料非常多，这些材料内部存在自由基、过渡金属离子或者缺陷等。自由电子的寿命通常很短，但它们在许多过程中仍然发挥着至关重要的作用，比如光合作用、氧化作用、催化作用、聚合反应等等。

    电子顺磁共振波谱仪由微波源、谐振腔、电磁铁、信号调制与采集系统等部分组成［图 1(a)］。磁体一般采用电磁铁，产生 $0 \sim 10000$ Gs（1 Gs $= 80$ A/m）的磁场，磁场中心是谐振腔，微波源发出的微波（GHz级）通过微波导管垂直进入谐振腔。当磁场强度与微波频率达到共振条件，谐振腔中的样品吸收微波，在信号系统就记录到一个信号。为了提高灵敏度，在主磁场上还附加一个小的交变磁场，因此顺磁测试得到的谱图是一次微分信号。根据共振公式从顺磁谱峰得到 g 值，它代表了物质中单电子的轨道磁矩和自旋磁矩共同作用的结果。对于自由基来说，因为自旋磁矩贡献占比大于99%，因此 g 值非常接近自由电子的 g 值（2.002319）。对于过渡金属和稀土金属，因为轨道角动量（3d、4f）有相当的贡献，因此 g 值会偏离自由电子的 g 值。

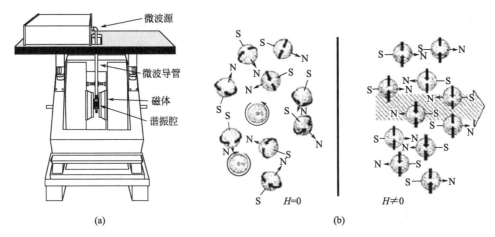

图1　（a）电子顺磁共振波谱仪结构；（b）EPR的原理示意图

　　EPR是一种磁共振技术，与NMR（核磁共振）非常相似。但是，该技术不测量样品中的核跃迁，而是检测未成对电子在外加磁场中的跃迁。电子和质子一样会有"自旋"，所以拥有"磁矩"这种磁属性。磁矩会使电子形成类似小磁条的排布，就像贴在冰箱上的冰箱贴那样。当施加外部磁场时，顺磁性电子会按照与磁场平行或反平行的方向排布［图1（b）］。这会使未成对电子产生两种能量不同的能级。

　　对含有未成对电子的分子而言，其磁矩为 $\vec{\mu}$，将此分子置于一外磁场 $\vec{H}$ 中，则 $\vec{\mu}$ 与 $\vec{H}$ 之间就发生相互作用进而产生能级分裂，即Zeeman分裂（图2）。

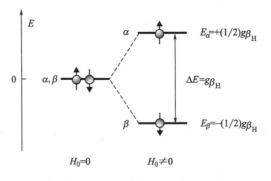

图2　Zeeman分裂

　　对于只有一个未成对电子的体系，自旋磁量子数 m_s 只取 $\pm 1/2$ 两个值，对应两种可能状态的能量，分别是 E_α 和 E_β。起初，处于低能量能级 E_β 的（即与磁场平行的）电子更多，而高能量能级 E_α 的（反平行）电子较少。可以使用固定频率的微波辐射来激发部分低能量能级的电子，使其跃迁到高能量能级。为了使跃迁发生，还必须让外部磁场保持特定的强度 H，使得低能级和高能级之间的能级间隔完全匹配微波频率 ν。为了创造上述条件，需要在样品暴露于固定频率 ν 的微波辐射的同时，扫描外部磁场 H。如果磁场和微波频率"完全匹配"，则可产生 EPR 共振（或吸收），此条件称为共振条件：$h\nu = g\beta H$

从共振条件可知，实现共振有两种办法：

（1）固定 ν，改变 H——扫场法；

（2）固定 H，改变 ν——扫频法。

由于技术原因，现代 EPR 波谱仪总是采用扫场法。因为相比于改变 ν，磁场的变化可以很容易地做到均匀、连续、精确控制。

2. EPR 监测 TTF 的价态转变过程及其与笼子的主-客体作用

TTF 是一种常见的具有氧化还原活性的分子。它可以在较低的电位下，连续分步被氧化成一价自由基阳离子 TTF$^+$· 和二价阳离子 TTF^{2+}。其中，一价自由基阳离子 TTF$^+$· 具有一个未成对电子，因此有顺磁性；而中性的 TTF 及其二价阳离子氧化产物由于没有未成对电子，不具有顺磁性。Fe（ClO$_4$）$_3$ 是一种无机氧化剂，根据加入的物质的量的不同，可以接受一个或者两个电子将 TTF 分步氧化，氧化产物可以通过 EPR 技术进行监测。此外，由于 TTF 的两种氧化态的紫外吸收显著不同，因此具有不同的颜色。超分子有机金属笼（以 MOC-16 为例）是一种具有规则形状、特定尺寸和疏水空腔的分立的纳米分子容器和反应器，其内部空腔可以通过疏水效应对水溶性差的分子进行包合。TTF 分子在水中溶解度差，且尺寸与 MOC-16 的空腔相匹配，可以被笼子的疏水空腔包合，是一种理想的研究笼子和客体的主-客体相互作用及氧化还原相互作用的客体分子。由于 Ru^{II} 中心的存在，笼子能够与 TTF 之间发生光诱导电子转移（PET），得到的氧化产物 TTF$^+$· 可通过 EPR 技术监测（图 3）。

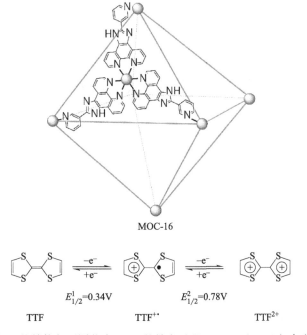

图 3　MOC-16 的结构与不同价态 TTF 的转变过程（$vs.$ Ag/AgCl 包合在 CH$_3$CN）

【仪器试剂】

1. 仪器：Bruker A300 电子顺磁共振波谱仪（德国布鲁克公司），电子顺磁共振样品管，毛细管，注射器等。

2. 试剂：TTF，MOC-16 粉末，$Fe(ClO_4)_3$，乙腈等。

【实验步骤】

1. 顺磁共振样品准备

在 EPR 技术测试中，常见的是液体样品的测试，液体样品制备过程需要注意以下几点。

（1）溶剂。测试液体样品时，要注意溶剂的极性，对于极性大的溶剂（如水、甲醇、乙腈等），需要将样品放在毛细管中进行测试，减少样品横截面积，以减少溶剂对微波的吸收。

（2）对于不稳定的有机自由基样品，要使用自由基捕捉剂，如：DMPO（二甲基吡啶 N-氧化物）、PBN（一种氮氧化物）等。

（3）对于固体样品，需要注意颗粒大小，粉末样品也需要注意浓度，浓度太大会对信号产生干扰，可以使用干燥的硅胶或者碳酸钙进行稀释。

2. TTF 自由基阳离子及其与笼子相互作用的 EPR 检测实验

（1）取 TTF 固体，溶解于乙腈中，平行配制四份溶液（2.2mmol/L，0.5mL×4，分别标记为样品1~4）。用点样毛细管吸取适量样品 1 溶液，用打火机将一端密封，固定于样品台，放入谐振腔，进行 EPR 技术测试。

（2）向上述样品 2 和 3 中分别加入 0.5mL 和 1mL $Fe(ClO_4)_3$ 的乙腈溶液，再进行 EPR 技术测试；

（3）向上述样品 4 中加入 0.025mL MOC-16 的乙腈溶液，测试 EPR。

【数据处理】

EPR 谱的表示方式：横坐标用磁场强度（1mT＝10G＝28.02495MHz）或者 g 因子/张量表示；纵坐标用 $\Delta A/\Delta B$ 或者 a.u. 表示信号的相对强度。

【注意事项】

1. MOC-16 粉末在乙腈中溶解不太好，可以超声助溶，然后将不溶解部分用过滤头过滤后使用。

2. 加入 $Fe(ClO_4)_3$ 后观察溶液颜色的变化。

【思考题】

1. EPR 和 NMR 技术的区别是什么？

2. 为什么核磁共振所使用的激发能（射频 MHz）比顺磁共振的激发能（微波 GHz）要小得多？

3. 温度对 EPR 的测试有什么影响？

4. 在 $Fe(ClO_4)_3$ 和 MOC-16 存在下，TTF 自由基阳离子产生的原理有何区别？

参考文献

[1]　Wu K，Hou Y J，Lu Y L，et al. Redox-Guest-Induced Multimode Photoluminescence Switch for Sequential Logic Gates in a Photoactive Coordination Cage [J]．Chemistry - A European Journal，2019，25：11903-11909.

[2]　Wu K，Li K，Chen S，et al. The Redox Coupling Effect in a Photocatalytic Ru^{II}-Pd^{II} Cage with TTF Guest as Electron Relay Mediator for Visible-Light Hydrogen-Evolving Promotion [J]．Angewandte Chemie International Edition，2020，59：2639-2643.

附：实验结果与标准谱图（图 S1）

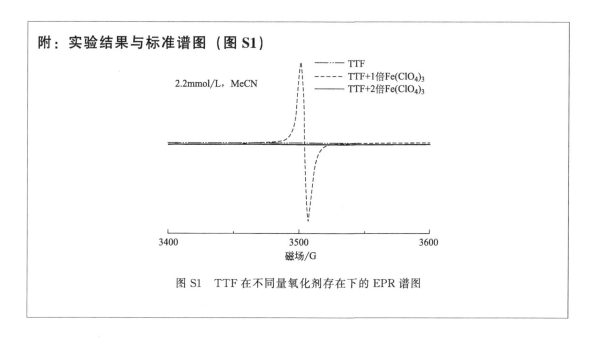

图 S1　TTF 在不同量氧化剂存在下的 EPR 谱图

实验 20　手性 MOC-16 的旋光和圆二色光谱

【实验目的】

1. 了解旋光仪测定旋光度的基本原理和方法。
2. 测定手性 MOC-16 的旋光度。
3. 了解圆二色（CD）光谱的基本原理和测定方法。
4. 测定手性 MOC-16 的圆二色光谱。

【实验原理】

1. 旋光度的原理和测定

旋光度又称旋光率或比旋光度，通常用 [α] 表示。当平面偏振光（仅在一个平面上振动的光）通过含有某些光学活性的化合物液体或溶液时，引起平面偏振光的振动平面发生旋转，其旋转的角度称为旋光度。由于平面偏振光的旋转可以向左或向右，一般规定按顺时针方向转动称为右旋，用"＋"表示，而按逆时针方向转动称为左旋，用"－"表示。

旋光仪的光学系统如图1所示。由单色光源发出的光线（一般单色光源用钠光灯，波长为589nm，以D表示），经起偏器后变为线偏振光。在放入待测溶液前，调节目镜的焦距使视场清晰，再调节检偏器，使视场最暗。当放入待测液，由于其具有旋光性，使得视场变亮。旋转检偏器，再次使得视场变暗，其转动的角度即为旋光角。

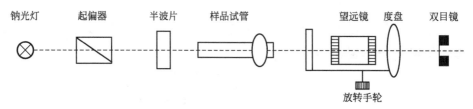

钠光灯　起偏器　半波片　样品试管　　　　望远镜　度盘　双目镜

放转手轮

图1　旋光仪的光路图

旋光角的大小和方向除与该物质结构有关外，还与测定的温度、所用光的波长、溶液浓度、溶剂、旋光管的长度等有关。通常规定旋光管的长度为1dm，待测物质溶液的浓度为1g/mL，按照下式计算比旋光度：

$$溶液的比旋光度 = [\alpha]_D^T = \frac{\alpha}{c \times l} \times 100$$

$$纯液体的比旋光度 = [\alpha]_D^T = \frac{\alpha}{c \times \rho}$$

式中，$[\alpha]_D^T$ 为旋光物质在测定温度为 T℃、光源为 D 时的比旋光度；α 为旋光角；l 为旋光管的长度，dm；c 为待测物质的质量浓度（即 100mL 溶液中所含样品的质量），g/mL；ρ 为纯液体的密度。

2. 圆二色（CD）光谱的原理和测定方法

光学活性物质对组成平面偏振光的左旋和右旋圆偏振光的吸收系数（ε）是不相等的，$\varepsilon_L \neq \varepsilon_R$，即具有圆二色性。由于 $\varepsilon_L \neq \varepsilon_R$，透射光经合成后，则不再是平面偏振光，而是椭圆偏振光。如果某手性化合物在紫外可见区域有吸收，就可以不同平面偏振光的波长 λ 为横坐标，以摩尔椭圆度 $[\theta]$ 或吸收系数之差（$\Delta\varepsilon = \varepsilon_L - \varepsilon_R$）为纵坐标作图，得到具有特征的圆二色光谱。

摩尔椭圆度 $[\theta]$ 与 $\Delta\varepsilon$ 的关系为：$[\theta] = 3300\Delta\varepsilon$。由于 $\Delta\varepsilon$ 有正值和负值之分，所以圆二色光谱也有呈峰的正性圆二色光谱和呈谷的负性圆二色光谱。在紫外-可见光区域测定圆二色光谱与旋光谱，其目的是推断化合物的构型和构象。圆二色光谱仪测试装置的结构如图2所示。

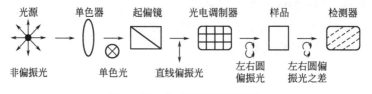

光源　　　单色器　　起偏镜　　光电调制器　　样品　　　检测器

非偏振光　　单色光　　直线偏振光　　左右圆　　左右圆偏
　　　　　　　　　　　　　　　　　偏振光　　振光之差

图2　圆二色光谱仪的光路图

3. 笼效应对 CD 光谱的影响

在乙腈溶液中，$\Delta/\Lambda-[Ru(phen)_3]^{2+}$ 的吸收峰分别位于 225nm、265nm 和 450nm，前

两个峰对应于 phen 基团的 n-π＊和 π-π＊跃迁，最后一个吸收峰产生于 Ru^{2+} 和 phen 之间的金属到配体的电荷转移跃迁（MLCT）。这三个吸收带都反映在相应的 CD 光谱上。其中，265nm 对应的 CD 信号最强。以 Δ-$[Ru(phen)_3]^{2+}$ 为例，对于三个 CD 光谱吸收带，都有从长波到短波先是负的然后是正的康顿（Cotton）效应的趋势。对于 Λ-$[Ru(phen)_3]^{2+}$ 来说刚好是相反的。由于 Δ/Λ-MOC-16 分子笼中有多个手性 Ru 中心，因聚集效应的存在，导致与 Δ/Λ-金属配体（$\Delta\varepsilon \approx 120mol^{-1} \cdot L^{-1} \cdot cm^{-1}$）相比，$\Delta/\Lambda$-MOC-16（$\Delta\varepsilon \approx 720mol^{-1} \cdot L^{-1} \cdot cm^{-1}$）的 CD 信号强度显著增强。

【仪器试剂】

1. 仪器：Anton Paar MCP 500 高精度智能旋光仪（奥地利安东帕公司），JASCO J-810 圆二色光谱仪，高通量石英比色皿，容量瓶，移液枪等。

2. 试剂：待测手性 MOC-16 样品，水，DMSO 等。

【实验步骤】

1. 待测溶液的制备

称取 50mg 的待测 MOC-16 样品，溶于 1mL DMSO 溶液中，用蒸馏水稀释至 10mL，即 $c=0.5$，用于测定旋光度。

称取 1.1mg 的待测 MOC-16 样品，溶于 $22\mu L$ DMSO 溶液中。然后取 $2.2\mu L$ 母液，用乙腈稀释至 10mL，用于测定圆二色谱。

2. 比旋光度的测定

将配制好的溶液置于旋光仪中，按照仪器使用流程测试并记录数据。

3. 圆二色光谱的测定

将配制好的溶液置于圆二色光谱仪中，按照仪器使用流程测试并保存测试数据。

【数据处理】

1. 根据实验结果计算 $[\alpha]_D^T$。

2. 绘制 CD 图谱。

【思考题】

1. 影响比旋光度及圆二色光谱测定的因素有哪些？

2. 比旋光度和圆二色光谱有何关联？

参考文献

[1] Wu K，Li，K，Hou Y J，et al. Homochiral D_4-symmetric metal-organic cages from stereogenic Ru（Ⅱ）metalloligands for effective enantioseparation of atropisomeric molecules [J]. *Nat. Commun.* 2016，7：10487.

附：实验结果与标准谱图（图 S1）

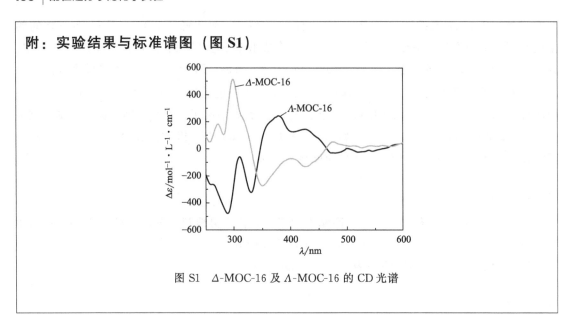

图 S1　*Δ*-MOC-16 及 *Λ*-MOC-16 的 CD 光谱

实验 21　手性 MOC-16 主-客体作用的动力学和热力学研究

【实验目的】

1. 了解主-客体相互作用的动力学及热力学。

2. 了解及掌握变温核磁的操作。

【实验原理】

1. 分子笼效应对主-客体作用的影响

分子笼 MOC-16 具有特定大小的窗口及空腔，且由于 Ru 金属配体的手性，形成的空腔同样具有手性识别效果。基于特定的分子构型，手性 MOC-16 对 C_2 对称性的阻转异构体具有良好的区分效果，但对于具有不对称碳手性的化合物基本没有区分效果。这种主-客体作用的区别，可以通过核磁滴定的动力学和热力学实验进行探究，并由此证实了这是一种基于主-客体立体非对映异构体形成和交换动态行为差异的动力学拆分过程。

2. 主-客体动力学探究

利用核磁滴定探究 *R* 及 *S*-BINOL 和 *Λ*-MOC-16 间的主-客体相互作用。结果显示出 *Λ*-MOC-16 对 *R* 及 *S*-BINOL 轴手性阻转异构体的包合行为明显不同［图 1(a)、(b)］。在 298K 下，*S*-BINOL 对 *Λ*-MOC-16 的滴定显示客体的信号变得更加宽化，所以进一步升温在 353K 下进行核磁滴定［图 1(c)］，发现核磁分辨变好，同时整体的变化趋势和 298K 下的结果保持一致。这是由于形成了一对非对映异构体 *R*-BINOL⊏*Λ*-MOC-16 和 *S*-BINOL⊏*Λ*-MOC-16 的缘故。

与之形成对比的是，用 S-萘基-1-乙醇分别对 Δ-MOC-16 和 Λ-MOC-16 的滴定，结果得到的核磁变化模式差不多［图 1（d）、（e）］。这个现象说明单一手性的 Λ-MOC-16 或 Δ-MOC-16，对于不对称碳手性的两种 R 和 S 对映体的包合行为一样。

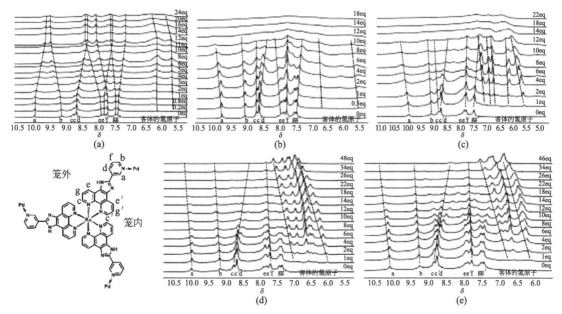

图 1　手性分子笼 MOC-16 与两类不同手性客体分子的 ^{1}H NMR 谱图，DMSO-d_6/D$_2$O
（$v：v=1：5$）：(a) R-BINOL$\subset\Lambda$-MOC-16，298K；(b) S-BINOL$\subset\Lambda$-MOC-16，298K；
(c) S-BINOL$\subset\Lambda$-MOC-16，353K；(d) S-1-（1-萘基）乙醇$\subset\Lambda$-MOC-16，298K；
(e) S-1-（1-萘基）乙醇$\subset\Delta$-MOC-16，298K

值得注意的是，客体的信号连续地向低场移动，说明主-客体之间是动态交换的过程。这些核磁结果表明，在室温下，S-BINOL$\subset\Lambda$-MOC-16 的主-客体交换动力学比 R-BINOL$\subset\Lambda$-MOC-16 快。核磁信号的宽化表明分子的转动和翻转受限制且变得缓慢，以及主-客体交换的速度和核磁的弛豫时间接近。对于 S-BINOL$\subset\Lambda$-MOC-16 体系，体系的主-客体交换动力学更快，客体分子对笼分子内部和外部的质子的影响平均化。当笼子空腔填满（每个笼子包合 12 个客体分子）时，整体的主-客体动力学变慢使得核磁无法分辨。不同的是，在室温下 R-BINOL$\subset\Lambda$-MOC-16 体系的主-客体交换速率足够慢，因此对笼内外质子的影响可以分辨出来。两个主-客体非对映体的主-客体交换动力学差异，可能是决定 Δ-MOC-16 和 Λ-MOC-16 对消旋的 BINOLs 手性拆分差异的原因。相反的是，S-1-(1-萘基) 乙醇对 Δ-MOC-16 和 Λ-MOC-16 的滴定表现出相似的主-客体交换动力学，并且两对非对映体的主-客体作用都是快速交换的过程。这也就解释了为什么手性的 Δ-MOC-16 和 Λ-MOC-16 能拆分轴手性的 BINOL 类型阻转异构体分子，但不能拆分不对称碳手性（C∗）中心的底物分子。

3. 主-客体热力学研究

通过变温核磁的研究，可以进一步获得手性分子笼与客体分子之间的主-客体热力学数据。对于 R-BINOL$\subset\Lambda$-MOC-16 和 S-BINOL$\subset\Lambda$-MOC-16 这一对非对映体（图 2），加热会加快主-客体交换动力学，两个宽化的包峰变得更好分辨且持续向低场移动，直至逐渐接近自由的客体信号。这种主-客体的溶液动力学可以和核磁观察到的分子动力学相比较。但主客体交换动力学速率从一个足够慢的水平加速到较快的时候，可能不会出现通常遇到的峰之间的合并，而会是一个转折点。

如果将转折点对应的温度用 Eyring 方程（$k = \dfrac{k_B T}{h} e^{\frac{-\Delta G^{\neq}}{RT}}$，可等价转换为 $\Delta G^{\neq} = 19.14$ $T_c \left(10.32 + \lg \dfrac{T_c}{k_c} \right) \times 10^{-3}$，其中 $k_c = \dfrac{\pi \times \Delta \vartheta}{\sqrt{2}}$ 为交换速率，$\Delta \vartheta$ 为核磁峰的位移差）进行分析，可以估算得到客体交换速率和能垒。对于 R-BINOL⊂Λ-MOC-16 和 S-BINOL⊂Λ-MOC-16，交换速率和能垒分别为 $488s^{-1}$、$1021s^{-1}$ 和 $60.5kJ/mol$、$55.7kJ/mol$。这个结果意味着相比于对 R-BNOL 的包合，Λ-MOC-16 可以更快地包合 S-BINOL，且包合所需克服的能垒更低。

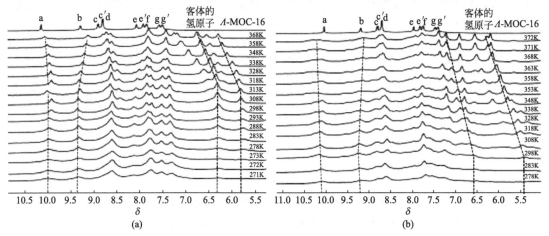

图 2 MOC-16 与客体分子 BINOL 的变温 ^{1}H NMR 谱图：(a) R-BINOL⊂Λ-MOC-16；
(b) S-BINOL⊂Λ-MOC-16，DMSO-d_6/D$_2$O（$v:v=1:5$）

【仪器试剂】

1. 仪器：核磁共振波谱仪，核磁管等。

2. 试剂：待测手性 MOC-16，R-BINOL，S-BINOL，S-萘基-1-乙醇，DMSO-d_6 及 D$_2$O 等。

【实验步骤】

1. Λ-MOC-16 母液的配制

向 10.08mg 的 Λ-MOC-16 加入 525μL DMSO-d_6，超声溶解。浓度为 1.8×10^{-3} mol/L。

2. R 或 S-BINOL 母液的配制

向 3.09mg 的 R 或 S-BINOL 加入 200μL DMSO-d_6，超声溶解。浓度为 5.4×10^{-2} mol/L。

3. S-萘基-1-乙醇母液的配制

向 1.16mg 的 S-萘基-1-乙醇加入 25μL DMSO-d_6，超声溶解。浓度为 2.7×10^{-1} mol/L。

4. 298K 下，*S*-萘基-1-乙醇和 *Λ*-MOC-16 的滴定实验

取 $75\mu L$ *Λ*-MOC-16 母液，再加入 $375\mu L$ D_2O 测定核磁。之后每次取 $5\mu L$ *S*-萘基-1-乙醇母液及 $25\mu L$ D_2O，测定核磁。

5. 298K 下，*R* 或 *S*-BINOL 和 *Λ*-MOC-16 的滴定实验

取 $75\mu L$ *Λ*-MOC-16 母液，再加入 $375\mu L$ D_2O 测定核磁。之后每次取 $5\mu L$ *R* 或 *S*-BINOL 母液及 $25\mu L$ D_2O，测定核磁。

6. 353K 下，*S*-BINOL 和 *Λ*-MOC-16 的滴定实验

取 $75\mu L$ *Λ*-MOC-16 母液，再加入 $375\mu L$ D_2O 测定核磁。之后每次取 $5\mu L$ *S*-BINOL 母液及 $25\mu L$ D_2O，测定核磁。

7. *R* 或 *S*-BINOL 和 *Λ*-MOC-16 的变温核磁实验

取 $75\mu L$ *Λ*-MOC-16 母液和 $50\mu L$ *R* 或 *S*-BINOL 母液混合均匀，之后再加入 $625\mu L$ D_2O，测定 278K、288K、298K、308K、318K、328K、338K、348K、358K 及 368K 下的核磁图。

【数据处理】

1. 利用核磁数据，分析手性 MOC-16 与 BINOL 和 *S*-萘基-1-乙醇的主-客体交换动力学。

2. 利用变温核磁数据，计算手性 MOC-16 与 BINOL 的热力学交换速率和能垒。

【思考题】

手性 MOC-16 能选择性地拆分轴手性的阻转异构体分子，对 C * 手性分子具有包合作用，但却没有手性拆分效果。试探究其原因。

参考文献

[1] Wu K, Li K, Hou Y J, et al. Homochiral D_4-symmetric metal-organic cages from stereogenic Ru（Ⅱ）metalloligands for effective enantioseparation of atropisomeric molecules [J]. Nature Communication, 2016，7：10487.

[2] 吴凯. 多吡啶类 M_6L_8 型超分子有机金属笼的组装与性能研究 [D]. 广州：中山大学，2018.

[3] Chen C L, Tan H Y, Yao H J, et al. Disilver（Ⅰ）Rectangular-Shaped Metallacycles：X-ray Crystal Structure and Dynamic Behavior in Solution [J]. Inorganic Chemistry, 2005，44：8510-8520.

实验 22　手性 MOC-16 对 6-Br-BINOL 的手性拆分

【实验目的】

1. 了解手性 MOC-16 对 6-Br-BINOL 的手性拆分原理。

2. 了解及掌握萃取操作。

3. 掌握高效液相色谱的测定及对映体过量（*ee*）值的计算。

【实验原理】

1. 分子笼的手性拆分原理

由实验 21 已证实，手性 MOC-16 对 C_2 对称性的阻转异构体具有良好的区分效果，但对于具有不对称碳手性的化合物基本没有区分效果。通过核磁滴定的动力学和热力学实验进行探究，进一步证实了对 C_2 对称性的阻转异构体的拆分，是一种基于主-客体立体非对映异构体形成和交换动态行为差异的动力学拆分过程。

具体来说，手性分子笼 Δ/Λ-MOC-16 对手性 BINOL[($\pm$)-1,1′-bi-2-萘酚] 和 6-Br-BINOL [($\pm$)-6,6′-二溴-1,1′-bi-2-萘酚] 等轴手性分子具有良好的主-客体作用及拆分效果。如图 1 所示，对于形成的主-客体非对映异构体，它们的溶液动力学可以通过核磁明显地区分开。这意味着单一手性的 Δ-MOC-16 （或 Λ-MOC-16），对互为对映异构体的 R-BINOL 和 S-BINOL 有手性识别和区分作用。

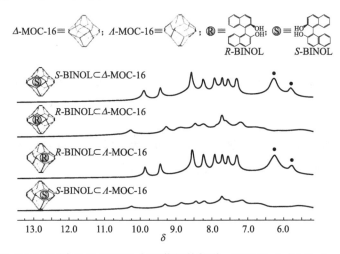

图 1　Δ/Λ-MOC-16 同 R/S-BINOL 相互作用的核磁，DMSO-d_6/D$_2$O（v：v＝1：5）

2. 手性分子笼对外消旋客体分子的手性拆分过程

如图 2 所示，由于 MOC-16 在水溶液中具有一定的溶解性，且几乎不溶于乙醚以及三氯甲烷溶液，因此可以利用液液萃取的方式，将消旋的 6-Br-BINOL 进行手性拆分。

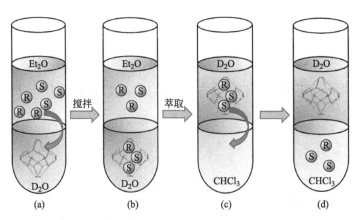

图 2　手性分子笼对外消旋客体分子的手性分离过程

【仪器试剂】

1. 仪器：Agilent-2000 液相色谱仪（美国安捷伦科技公司），分液漏斗，液相色谱进样瓶等。

2. 试剂：待测手性 MOC-16，6-Br-BINOL，乙醚，三氯甲烷，异丙醇，正己烷等。

【实验步骤】

1. 配制 Δ-MOC-16 或 Λ-MOC-16 的水溶液（1mmol/L，1mL）和 6-Br-BINOL 的乙醚溶液（30mg，1mL）。

2. 将笼和 6-Br-BINOL 的溶液在室温下混合后剧烈搅拌 2h。

3. 将下层的水相取出，用 $CHCl_3$ 萃取三次，尽可能多地萃取出包合的客体分子。

4. 将萃取液合并并旋干得到拆分的产物。

5. 拆分得到的 6-Br-BINOL 的 *ee* 值用高效液相色谱（HPLC）法检测。

【数据处理】

利用 HPLC 测定结果计算产物的 *ee* 值。

【思考题】

1. 影响拆分效果的因素有哪些？

2. 如果多次循环拆分产物，可否提升 *ee* 值？为什么？

参考文献

[1] Wu K，Li K，Hou Y J，et al. Homochiral D_4-symmetric metal-organic cages from stereogenic Ru（Ⅱ）metalloli-gands for effective enantioseparation of atropisomeric molecules [J]. Nature Communication，2016，7：10487.

[2] 吴凯. 多吡啶类 M_6L_8 型超分子有机金属笼的组装与性能研究 [D]. 广州：中山大学，2018.

实验 23　基于 MOC-16 的分子笼结构模拟

【实验目的】

1. 了解分子动力学模拟的基本概念。

2. 掌握使用 Materials Studio 软件的 Forcite 模块进行分子结构模拟的基本操作。

【实验原理】

1. 分子动力学

分子动力学是一门结合物理、数学和化学的综合技术。该方法主要依靠牛顿力学来模拟分子体系的运动，以在由分子体系的不同状态构成的系统中抽取样本，从而计算体系的构型积分，并以构型积分的结果为基础，进一步计算体系的热力学量和其他宏观性质。相比于量子化学计算、半经验量子化学计算等，牛顿力学的计算速度快很多，当然模拟精度就低一些。但是对于部分体系，这样的计算也是合适的。

2. Forcite 模块

Forcite 模块是 Materials Studio 软件的分子动力学计算模块，可用于多种化学体系的模拟，主要是分子结构的优化及量子力学计算。该模块最关键的一个近似是原子核移动的势能面，以一些基于牛顿力学计算的经典力场进行描述而非量子力学描述。这些力场的参数都来自实验或更高级的量子理论计算。当前在 Forcite 模块中可用的力场有 COMPASS、Dreiding、Universal、cvff 和 pcff。

3. UFF 力场

最常用的是 Universal 力场，全名 Universal Force Filed（UFF）。其他的一些基于某领域而发展的力场，只对特定的原子组合有效，如蛋白质、有机物、核酸等。而且它们对于一些键角接近 180° 的非线性分子会给出错误的构型。因此 Rappé 等开发了 UFF。用于产生 UFF 的参数包括了一套基于原子半径的杂化模式、一套杂化后的键角、范德华力参数、扭转角和翻转的能垒以及一套有效核电荷数。

4. 同构

在超分子化学里，同构（Isostructural）是指具有相似配位模式的配体或金属节点所组装成的超分子化合物，具有相同的配位模式和连接模式。对于超分子笼来说，就是具有相似配位模式的配体与同样的金属节点组装，有可能获得具有相同连接方式、仅孔径大小不同的超分子笼。本次实验将基于 MOC-16 的 L1 配体，模拟预测 L2 和 L3 与 Pd（0）组装的超分子笼的结构。

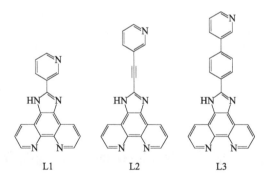

图 1 用于模拟分子笼结构的配体 L1～L3

【软件和数据文件】Materials Studio（MS），MOC-16 的 CIF 文件

【实验步骤】

1. 在 MS 软件中新建任务（Project）。将 MOC 的 CIF 导入，看到笼子结构。如果原子间不成键，点击 "Calculate Bond" 按钮。计算成键。如果笼子结构显示不完整，皆为碎片。则在 "Display Style" 窗口中，"Lattice" 卡片下，调节晶胞个数，使一个笼子显

示完整。保存。

2. 使用选择模式 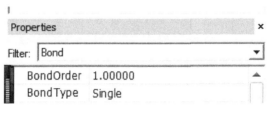，选定一个显示完整的笼子。选择笼子上的一个键或原子，右键弹出菜单，选择"Select Fragment"。然后右键弹出菜单，选择"Copy"（或直接在键盘上使用快捷键 Ctrl＋C）进行复制。点击新建按钮旁边的三角形，选择"3D Atomistic Document"。通过右键菜单或快捷键 Ctrl＋V，将笼子结构粘贴到空白文件中。将文件重命名为 MOC1. xsd。新建菜单，"Crystals"（晶体），新建"Crystal"选项。在"Lattice"卡片中填入 a、b、c 轴均为 40Å（确保大于分子笼最大外径）。新建，获得一个在正方体晶胞中的分子笼模型。使用"Move"工具栏的一系列按钮，调整笼子至晶胞中心附近。使用"Find Symmetry"按钮，找到对称性 P4，点击"Impose Symmetry"按钮，将晶体调整为 P4 空间群。

提示：本步骤的目的，是使笼模型脱离原始晶体结构复杂的环境，便于选定和操作。找到对称性，则是为了能够减少操作，在接下来的步骤中，仅需要修改不对称单元中的键即原子。

3. 使用 Ctrl 键配合鼠标左键，选择配体上的芳香键（当前呈现为单键），在左下角的"Properties"窗口（图 2）中"Filter"选择"Bond"，将"Bond Type"中的"Single"或者"Double"改为"Aromatic"。可以逐个芳香环或者逐个配体地进行选择、修改。仔细检查，确保所有的芳香键都得到了正确的修改。类似的，确保所有的单键都为单键。

图 2　Properties 窗口

4. 点击"Forcite module"按钮或者从 Modules 菜单找到，选择"Calculation"，弹出"Forcite Calculation"窗口（图 3）。设定"Task"为"Geometry Optimization"，"Quality"为"Ultra-fine"。点击"More"按钮，在弹出的窗口中可以查看计算收敛的标准。对于本次优化，可以不选"Optimize cell"。

在"Energy"卡片中确认"Force Filed"为"Universal"（即 UFF），"Charges"为"Use Current"（对于最简单最基本的结构模拟来说，电荷影响不大），"Summation Method"下都为"Atom based"。"Job Control"里，"Gateway Location"为"My Computer"，点击"Run"。

5. 优化很快结束。查看 MOC1. txt，末尾有"WARNING Convergence criteria are not satisfied."说明未收敛。在优化产生的文件夹下双击 MOC. xsd，"Forcite"的界面中点击"More"，把"Max. Iterations"设置为 2000（因为牛顿力学计算很快，设置多些优化轮数影响不大）。再次点击"Run"。查看 MOC Energies. xcd。可见体系优化的能量一直在下降，即将降平。一直重复这个步骤优化，直至结构收敛，MOC1. txt 中不再提示未收敛。则获得了一个经过 UFF 模拟结构的 MOC-16。

6. 按快捷键 Ctrl＋A 或者在"Edit"菜单中选"Select All"，全选笼子和晶格，复制。

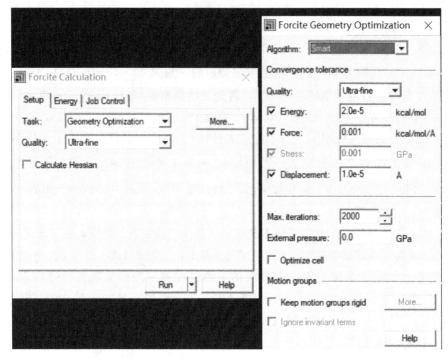

图 3　Forcite Calculation 窗口及 Forcite Geometry Optimization 窗口

在根目录下新建一个 xsd 文件，命名为 MOC2。将优化过的 MOC-16 粘贴进去。用选择模式，删除配体中吡啶环与邻菲罗啉之间的 C-C 单键。使用"Sketch Atom"工具 ，在两者之间画一个碳碳三键。使用选择模式和移动按钮，将所画的原子移动到尽量合理（即与吡啶和邻菲罗啉共平面）的位置。依照此法完成所有配体的修改。

7. 使用 Forcite 模块进行结构优化。这一次要勾选"Optimize cell"。结构收敛后，即获得了模拟的 MOC2 的结构模型。

8. 将 MOC2 模型复制到新建的文件 MOC3.xsd 中，以碳碳三键为基础，将其修改为苯环结构。然后用 Forcite 模块进行结构优化，即可获得模拟的 MOC3 结构模型。

【注意事项】

1. 更改化学键种类、修改配体的时候要仔细，通过反复旋转画面进行观察，确保修改完全和正确。如果在优化后发现结构变形、有错漏的地方，则删除优化的文件夹，返回上一步文件，修改正确，再进行优化。

2. 修改配体时，较为正确的初始构型很重要，否则很可能得到非常不合理的构型。而在显示屏的二维平面上无法精确地用鼠标画出原子的三维坐标，因此需要仔细调整画出原子位置，使其处于有利于优化的范围。

【思考题】

1. 能否使用其他的力场进行优化？

2. 分子动力学模拟有什么优缺点？

参考文献

［1］ Forcite. Materials Studio ［DB/OL］，2019.

［2］ Rappe A K，Casewit C J，Colwell K S，et al. A full periodic table force field for molecular mechanics and molecular dynamics simulations ［J］. Journal of the American Chemical Society，1992，114（25）：10024-10035.

［3］ Li K，Zhang L Y，Yan C，et al. Stepwise Assembly of Pd_6（RuL_3）$_8$ Nanoscale Rhombododecahedral Metal-Organic Cages via Metalloligand Strategy for Guest Trapping and Protection ［J］. Journal of the American Chemical Society，2014，136（12）：4456-4459.

实验 24　MOC-16 空腔结合客体能力的模拟

【实验目的】

1. 了解模拟退火算法的基本思路。

2. 掌握使用 Materials Studio 软件的 Adsorption Locator 模块进行吸附位点模拟的基本操作。

【实验原理】

1. Adsorption Locator 模块

Adsorption Locator 模块可用于模拟在吸附剂（多孔材料、表面等）上装载指定数量的吸附质或吸附质混合物分子，使用模拟退火算法和蒙特·卡罗方法确定最可能的吸附位点以及吸附后的构型。

2. 吸附质装载

吸附模拟的第一步就是在吸附剂上装载吸附质。这个过程是通过在空的吸附剂上随机插入 1 个吸附质分子开始。然后逐步插入指定数量的分子。在插入中需要移动分子时，要保证不产生分子的紧密接触。

3. 模拟退火算法

模拟退火算法（Simulated Annealing）的概念是来自对金属冶炼过程的一种工艺——退火。金属冶炼时，在高温下是熔化的液体。通过可控、逐步、缓慢地降低温度，使金属原子可以有足够的时间找到其正确的晶体位置，减少缺陷。退火算法就模拟了这个过程，设置一个"温度"参数，在高温时，整个系统的状态可以进行大范围的试错和流动，寻找最低能级的构型，能够跨越较高的能垒、逃离局部最低进行搜索。随着温度逐步降低，能够跨越的能垒越来越少，只能在小范围的构型变动中寻找低能量构型，直至降低至目标"温度"，寻找到局部最低能量构型。以这个构型为起点，重新加热。使系统能够跨越较高的能垒，在临近可能的构型中搜索，然后再次退火。循环几次，得到的结果可以认为是找到了全局能量最低点。

4. 蒙特·卡罗方法

在退火算法的每个温度下，搜索低能量构型，使用的是蒙特·卡罗方法（Monte Carlo Method）。计算是按照以下步骤进行的：

（1）随机选定一个分子，再随机选定对其构型、坐标、旋转、重新生长中的一项做无规则的改变，产生一个新的分子构型。

（2）计算新的分子构型的能量。

（3）比较新的分子构型与改变前的分子构型的能量变化，判断是否接受该构型。若新的分子构型能量低于原分子构型的能量，则接受新的构型，使用这个构型重复做下一次迭代。若新的分子构型能量高于原分子构型的能量，则计算玻尔兹曼因子，并产生一个随机数。若这个随机数大于所计算出的玻尔兹曼因子，则放弃这个构型，重新计算。若这个随机数小于所计算出的玻尔兹曼因子，则接受这个构型，使用这个构型重复做下一次迭代。

（4）如此进行迭代计算，直至最后搜索出低于所给能量条件的分子构型。

本次实验将模拟装载蒽进入 MOC-16 笼子中，探究其可能的最大装载量及构型。

【软件和数据文件】Materials Studio（MS），MOC-16 的 CIF 文件

【实验步骤】

1. 在 MS 中新建 Project。将 MOC 的 CIF 导入，重命名为 MOC-16.xsd。看到笼子结构。如果原子间不成键，点击 Calculate Bond 按钮。计算成键。如果笼子结构显示不完整，皆为碎片。则在 Display Style 窗口中，Lattice 卡片下，调节晶胞个数，使一个笼子显示完整。保存。

2. 将所有的芳香环上的键修改为芳香键。删除所有的平衡阴离子、客体。使用 Forcite 模块、UFF 进行一次结构优化。

3. 选择 Build 菜单->Symmetry->Make P1，使晶体处于 P1 空间群。选择两个笼子，复制。新建一个临时的 3D atomistic.xsd 文件，把刚复制的两个笼子结构粘贴进去。

4. 点击任意原子，点击在 Properties 栏可以看到原子的电荷（Charge）为 0。在 Forcite Module 按钮或者从 Modules 菜单找到模块，选择 Calculation，弹出 Forcite Calculation 窗口。选择 Energy 卡片，点击 Forcefiled 旁边的 More 按钮，打开 Forcite Preparation Options 窗口。在 Charges 一栏，选择 Charge Using QEq，点击 Calculate，然后关闭 Forcite 模块的所有窗口。点击一个原子，在 Properties 栏可以看到原子已经被赋予电荷。

5. 删除 MOC-16.xsd 文件中的两个笼子，仅保留晶胞。然后将 3D atomistic.xsd 文件中带电荷的两个笼子贴入 MOC-16.xsd 中。这样操作的原因是：QEq 法在计算晶体电荷时，要求晶体为电中性，删除平衡离子后的 MOC-16 晶体为带正电的结构，无法进行计算。将文件重命名为 MOC-16-QEq.xsd，这样就准备好了用于计算吸附能力的吸附质文件，即无客体、带电荷的 MOC-16.xsd。

6. 准备带分布电荷的吸附质的结构文件。在根目录下新建一个 3D atomistic.xsd 文件，重命名为 Phen.xsd。使用画笔工具，画出一个蒽的分子结构，点击 Clean 按钮进行结构整理。然后在 Modules 菜单或 按钮中找到 Dmol3 模块，打开 Dmol3 Calculation 对话框

（图 1）。将 Task 设定为 Geometry Optimization，Quality 为 Fine，Functional 为 GGA-PBE，勾选 Use Symmetry。打开 Properties 卡片（图 1），勾选 Population analysis，以及其下的 ESP charges。在 Job Control 卡片设置好核和内存。1 个核可以对应 2000MB 内存，不过蒽分子小，容易优化，差别不大。点击 Run 按钮，开始结构优化。

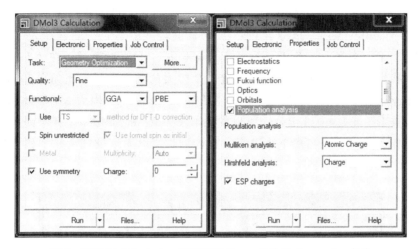

图 1　DMol3 Calculation 对话框的 Setup 卡片及 Properties 卡片

7. 优化很快结束。查看 Phen. outmol 文件，末尾有 "DMol3 Job Finished Successfully"，说明任务成功结束。双击打开优化好的 Phen. xsd 文件，然后在 Modules 菜单或 按钮中打开 DMol3 Analysis 对话框（图 2）。点击 Population analysis，第一个 Assign 按钮的旁边，选择 ESP，然后点击 Assign。点击任意原子，可以看到已经被赋予电荷。将文件重命名为 Phen-esp. xsd，就准备好了吸附质的结构文件。

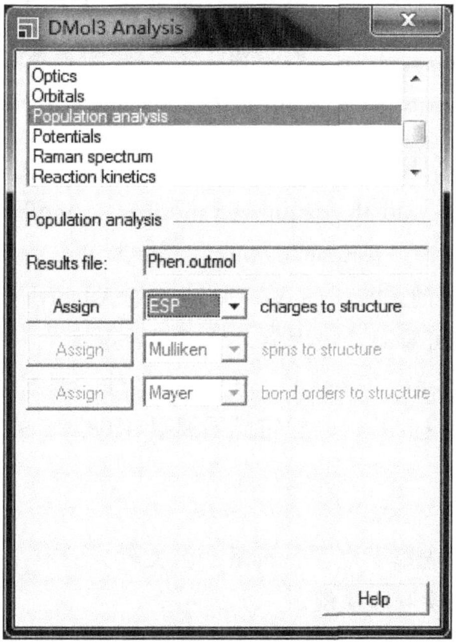

图 2　DMol3 Analysis 对话框

8. 在 Modules 菜单中找到 Adsorption Locator 模块或点击 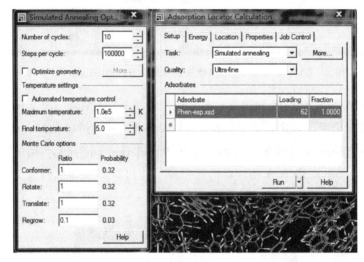 按钮，打开 Adsorption Locator Calculation 对话框（图 3）。Task 只有 Simulated annealing 一项，Quality 设置为 Ultra-fine。点击 More 按钮，打开 Simulated Annealing Option 对话框（图 3），可以看到详细设置。不勾选 Optimization Gemoetry，即在吸附过程中认定吸附剂为刚性结构，不优化。勾选 Automated Temperature Control，系统自动控制退火。可以看到 Monte Carlo Options 里，对于构型（Conformer）、坐标（Translate）、旋转（Rotate）、重新生长（Regrow）选项的比例设定，无须修改。关闭 Simulated Annealing Option 对话框，在 Adsorbate 的表格中，从路径中找到 Phen-esp. xsd 文件。设置一个很大的装载数量，比如在 Loading 里填入 100。在 Energy 卡片中，确认 Charges 一项使用 Ues Current，因为 MOC-16 和 Phen 均已被赋予电荷。查看 Job Control 卡片，可以发现与 Forcite 和 DMol3 计算不同，吸附位点计算只能进行单核运算，不能在多个核进行并行计算，所以无须设置在几个核上运算。点击 Run，开始运行。

图 3　Adsorption Loactor Calculation 对话框及 Simulated Annealing Option 对话框

任务失败，打开生成的文件夹中的 MOC-16. txt，查看失败原因。文件最后写着 WARNING：Unable to load the requested number of molecules in 100000 steps.

Requested loading＝100　Actual loading　＝××。

9. 重新打开之前优化好的 MOC-16. xsd 文件，在 Adsorption Locator Calculation 的对话框中，将 Loading 设定为可装载的最大值。然后开始运算。

10. 运算结束后，生成装载了 Phen 的 MOC-16 文件。通过仔细观察，数出有多少个分子在空腔里，多少个分子在空腔开口，即完成了模拟 MOC-16 的最大装载量。

【注意事项】

1. DMol3 计算完成后，先赋予电荷，再重命名文件。只有 xsd 文件和 outmol 文件同名时，软件才可以进行正确的读取和赋值。

【思考题】

1. 能否使用其他的力场进行吸附模拟？
2. 该吸附模拟有什么优缺点？

参考文献

［1］ Forcite. Materials Studio［DB/OL］，2019.

［2］ Kirkpatrick S，Gelatt C D，Vecchi M P. Optimization by Simulated Annealing［J］. Science，1983，220：671-680.

［3］ Li K，Zhang L Y，Yan C，et al. Stepwise Assembly of Pd₆（RuL₃）₈ Nanoscale Rhombododecahedral Metal – Organic Cages via Metalloligand Strategy for Guest Trapping and Protection［J］. Journal of the American Chemical Society，2014，136：4456-4459.

第4章 有机金属笼（MOC-16）的催化反应实验

实验25 MOC-16光解水产氢性能

【实验目的】

1. 学习气相色谱法的工作原理和操作规程。
2. 了解人工光合作用的基本原理。
3. 掌握 MOC-16 光解水产氢性能的测试方法。

【实验原理】

1. 气相色谱的基本结构

气相色谱法是一种应用广泛的分离手段，是以惰性气氛作为流动相的柱色谱法，其分离原理是基于样品中的组分在固定相和流动相间分配上的差异。组分要达到完全分离，在气相色谱仪中的出峰位置必须足够远，峰间的距离是由两相之间的分配系数 K 决定的。K 是指一定压力和温度下，组分在固定相和流动相之间分配达到平衡时的浓度比值，即：

$$K = \frac{溶质在固定相的浓度}{溶质在流动相的浓度}$$

K 由组分和两相的热力学性质决定。在一定温度下，K 值小的组分在流动相中先流出色谱柱；相反，K 值大的后流出色谱柱。因此，在气相色谱中，不同物质在两相具有不同的分配系数是物质得以分离的基础。柱温 T_{column} 则是影响 K 值的一个重要参数，在其他条件一定时，K 与 T_{column} 有以下关系：

$$\ln K = \frac{-\Delta G_m}{R T_{column}}$$

其中，ΔG_m 为标准状态下组分的自由能；R 为摩尔气体常数。由于组分在固定相中的标准自由能通常为负值，所以 K 与 T 呈反比。即提高柱温，组分在固定相中的浓度减小，可以缩短出峰时间。

气相色谱仪种类繁多，但均由以下六大系统组成：载气系统、进样系统、分离系统、检测系统、数据采集及处理系统和温控系统。气相色谱仪的一般流程如图1所示。载气由高压气瓶供给，经过减压阀降压后经过净化干燥管，净化气体通过调节阀调节气流速度后得到流量稳定的载气，载气经过汽化室，将汽化的样品带入到色谱柱进行分离；各组分先后流入检测器；检测器按物质的浓度或质量的变化转变为响应信号，经放大后在记录仪上记录下来，得到色谱流出曲线。根据流出曲线中出峰的保留时间，可进行定性分析；根据流出峰面积或峰高，可进行定量分析。

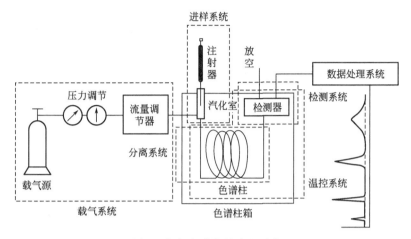

图 1　气相色谱仪的流程示意

其中检测系统中的检测器是将由色谱柱分离的各组分的浓度或质量转换成响应信号的装置，目前检测器的种类根据测试要求的不同多达数十种。常用的检测器主要包括热导检测器（TCD）、火焰离子化检测器（FID）、电子捕获检测器（ECD）、火焰光度检测器（FPD）和原子发射检测器（AED）等。其中热导检测器是根据不同物质具有不同的热导率的原理制成的；火焰离子化检测器是以氢气和空气燃烧的火焰作为能源，利用含碳有机物在火焰中燃烧产生离子，在外加电场的作用下，使离子形成离子流，根据离子流产生的响应信号强度，检测被色谱柱分离出的组分。

2. 光催化分解水

（1）太阳光与氙灯　太阳能影响着地球生活的方方面面。太阳辐射出来的光谱主要来自太阳表面的黑体辐射光谱，是一种吸收光谱，分为可见光与不可见光。其中可见光的波长范围为 400～700nm，经散射后分为熟悉的彩虹光七种颜色，集中起来为白光；不可见光分为波长小于 400nm 的紫外光和波长大于 700nm 的红外光。太阳辐射的可见光部分约占总能量的 43%，红外区约占 50%，紫外区约占 7%。

氙灯是以 Xe 气体电弧放电发光的光源，在任何连续工作的光源中表现出极高的亮度和亮度输出，非常接近理想的点光源模型。它在整个可见光谱区域产生大量连续和均匀的光谱。由于氙灯的发射色温约为 6000K，接近太阳光的光谱色温，且没有太多强烈的锐线发射，因此有着与太阳光相似的光谱，波长范围为 300～1100nm。在 400nm 到 700nm 之间，氙灯发出的总能量中约有 85% 来自连续谱，而约有 15% 来自线谱。氙灯的光谱输出不会随着设备老化而改变，光谱辐射度不受灯电流变化影响，且在点火的瞬间就会产生完整的发射曲线。

（2）自然光合作用与人工光合作用　自然光合作用，通常是指绿色植物（包括藻类）通过细胞中的吸光中心将太阳光吸收、转换和传递到光合作用中心，把太阳能转变为化学能的过程。光合作用是植物的基础代谢过程，同时也是人类社会赖以生存发展的食物、能量和氧气的源泉。由于地球上人口日益增加和耕地日益减少的严重局面，人们正试图利用来自自然光合作用的灵感，开拓新的可再生能源，尝试构建人工光合作用系统。

光催化技术是一种在能源和环境领域起着重要作用的绿色技术。光催化过程能模拟自然界的光合作用将可再生的太阳能直接转换为化学能，是一种极具潜力的能源再生和环境修复策略。光催化反应系统借鉴自然光合作用，包括反应中心和光敏中心，当光敏中心受到合适能量的光照射时会产生光生电子-空穴对，在合适的条件下，作为还原剂的光生电子向催化中心移动发生还原反应将水还原成氢气，而空穴作为氧化剂发生氧化反应产生氧气。

$$光生电子参与的半反应：2H^+ + 2e^- \longrightarrow H_2$$
$$空穴参与的半反应：H_2O + 2h^+ \longrightarrow 1/2O_2 + 2H^+$$
$$总反应：H_2O \longrightarrow H_2 + 1/2O_2$$

由于总反应为吸热反应，加上电子-空穴对容易复合，全分解水的效率普遍较低。科学家们为了研究可见光光催化体系的半反应机理往往加入电子-空穴捕获剂，达到有效分离光敏中心受光辐射后产生的电子-空穴对的作用。对于产氢半反应，一般采用富含电子且具有较强的还原性的空穴捕获剂，促进光生电子还原质子产氢。针对不同的反应体系，捕获剂的选择有所不同。

3. 封闭真空循环产氢测试系统介绍

本实验采用的产氢测试系统为北京泊菲莱科技有限公司的 Labsolar 光解水制氢系统（图 2）。该系统以微量气体的在线收集并通过气相色谱检测的过程为设计方向。集成了高光源、光催化反应器、气体循环、取样装置、真空环境等多种设计制造技术，可完成高能量密度光照、反应、气体在线连续取样分析的科研工作。Labsolar-Ⅲ（AG）系统由循环管路部分（循环管路、进样器、放空阀、气体循环泵、多功能储气瓶、真空表）、反应部分（反应器、石英平板、光源、球形冷凝管、冷水机）、抽真空部分（缓冲瓶、冷阱、真空泵）及控

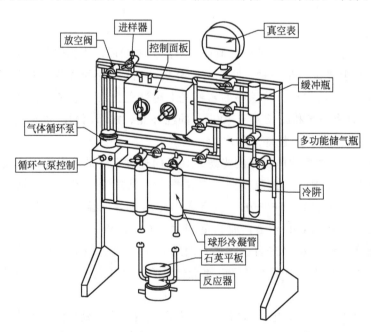

图 2　Labsolar-Ⅲ（AG）光解水制氢系统

制面板（六通阀、限位块、固定压盖、定量环、循环管路通道、载气管路通道）四部分组成，具备以下特点：①进样系统与真空环境无缝连接，保证进样时的气密性，可手动进样制作氢气标样的标准曲线；②稳定的气体在线收集系统，真空环境定量取样，使检测数据更准确；③除用于本实验外，还适合光催化电解水、二氧化碳制甲醇、光降解等反应中的实验研究；④操作便捷，即装即用，采样、取样、检测仅需转动几个阀门，最大程度简化实验过程。

4. MOC-16 用于单分子产氢器件

近年来，科学家们积极探索将分子催化剂和/或光敏剂封装进 MOF 的方法，这些异相催化剂在提高其稳定性的同时，也继承了均相分子催化剂的光还原活性，并且由于主-客体之间的相互作用，有效促进光催化过程中的电子转移和能量传递。然而，这些例子的光敏中心和催化中心在 MOF 中空间结构仍然分离，两者间的长距离能量迁移和电子跳跃由于电子耦合而降低电子转移效率。因此将光敏中心和催化中心整合为一体，电子转移过程直接发生在键合的光敏中心和催化中心之间或者光催化分子器件内。

本实验利用 MOC-16 作为光催化产氢器件。该分子笼含有多个光敏中心和催化中心，单一分子笼在空间上相互独立、功能上相互等价；其独特的结构实现了多通道、定向电子转移和能量传递，是一种优良的单分子产氢器件（图 3）。

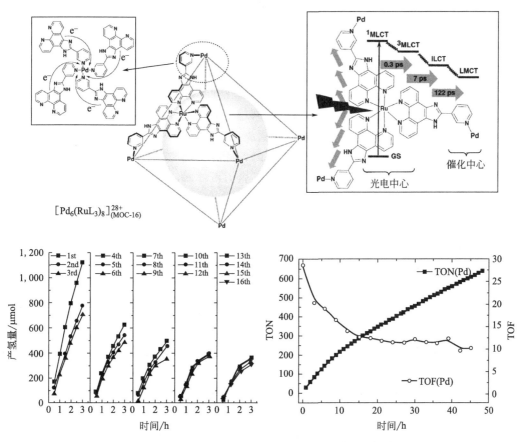

图 3　MOC-16 的多通道电子转移途径与光催化产氢结果

【仪器试剂】

1. 仪器：气相色谱仪（Agilent 7820A，美国安捷伦科技公司），300W 氙灯（PLS-SXE-300C，北京泊菲莱科技有限公司），封闭真空循环产氢测试系统［Labsolar-Ⅲ（AG）］，移液枪等。

2. 试剂：MOC-16 样品粉末，三乙醇胺（TEOA），二甲基亚砜（超干溶剂），水等。

【实验步骤】

1. MOC-16 光催化样品准备

将 MOC-16（22μmol/L）、H_2O（0.34mol/L）和三乙醇胺（0.75mol/L）的二甲基亚砜混合溶液依次加入真空产氢系统配套的石英反应器中，加入搅拌子，盖好石英平板，用锡纸包裹避光，在球磨上涂抹真空脂后与球冷的球碗对接，用球磨夹固定，备用。采用 300W 的氙灯（截止滤光片波长大于 420nm）辐照，每隔 1h 采样，用气相色谱测定产氢量。

2. 气相色谱仪的准备

打开 N_2、H_2（氢气发生器）和空气的气体钢瓶，通过分压法调节气体压力，打开气相色谱仪、电脑及软件，连接仪器加载测试方法，等待气相色谱仪的工作状态为"就绪"。

3. 产氢测试系统准备

实验开始前，需要对系统进行保压测试，各段气路不会漏气才可进行实验；随后，将装好待测样品的反应器连接系统，打开冷水机并设置冷却水循环。抽真空，第一步对循环管路抽真空。开启真空泵后，从连接真空泵最近的阀门（右下角）开始，逆时针旋动每个阀门，每个阀门同一方向旋转 4～5 圈即可。其中注意放空阀位置及冷阱放空阀位置不能直接 360°旋转，需将连通大气的出口堵住进行旋转。同时，球冷位置的两个阀门保持关闭状态。完成第一步以后，保持球冷以上阀门连通状态，打开磁力搅拌器，调整流速；当冷水机温度达到设置温度时，反应器抽真空，缓慢打开右边球冷的阀门开始抽反应器的真空。直到液面平静。关闭平衡分流阀。

4. 确保关闭缓冲瓶上的阀门和平衡分流阀后进行样品测试。测试步骤如下。

（1）打开光源，调节合适的光强后设定时间，将面板阀门处于 BD 状态，进入采样状态。该状态维持 20～30min，以实验实际情况为准（该时间段＝间隔时间－BC 段载气准备时间－AC 进样时间－AD 抽真空 1min；另外，往往会先在打开光源前即黑暗状态下测试作为初始点，记为零点信号）。

（2）将阀门切换到 BC 状态，观察色谱倒峰再次平稳（该状态的时间长短与色谱有关，5～10min 不等）。

（3）到达进样时间点，将面板阀门切换到 AC 进样状态，同时点击色谱开始按钮，采集数据。

（4）数据采集结束后，将阀门切换至 AD 抽真空状态，该状态维持约 1min 即可。

（5）将阀门切换至 BD 状态，重新进行下一个循环。

（6）等待实验结束后，关闭光源，将系统放空，关闭冷水机，卸掉反应器，将系统保压放置。

（7）按照色谱关机流程关闭色谱，等待色谱降至特定温度后，关机，关闭载气。

（8）关闭系统真空总阀，关闭真空泵。

（9）实验结束。

【数据处理】

本实验利用色谱条件制作标准曲线，得到氢气浓度-色谱峰面积的关系图，经换算可得样品产氢浓度。将样品所测得的色谱峰面积代入关系函数，即可得到样品产氢浓度。

【注意事项】

1. 样品准备需要迅速，避光存放。

2. 在装样前要保证石英反应皿无水、洁净。

3. 转动测试系统的各阀门应该小心缓慢，否则容易掰断。

4. 除了实验开始的第一个循环是从打开光源开始至 AC 进样结束，其他样品实验的一个完整循环是从上一个 AC 进样状态至下一个 AC 进样状态。

5. 对于接下来很快开始下一次实验的情况，采用分段保压放置，对于长时间不用的系统，应将六通阀取下来，清洗干净，在阀门与阀套之间夹一张纸片，并装上压盖。等待下次使用时，重新涂抹真空脂使用。该方法是为了防止长时间不转动真空脂，造成真空脂固化，不能轻易扳动的情况。如果出现真空脂固化的情况，应用吹风机将阀门吹热，同时扶住系统支架，缓慢扳动阀门。

6. 关闭载气之前，保持面板抽真空畅通，真空泵保持工作状态。否则，可能造成六通阀松动，色谱供应载气断开，对色谱检测器等设备造成损坏。如果没有安装面板压盖，也可能造成阀门脱落、摔坏。

7. 气相色谱仪测试方法中的载气压力、温度、电流值等实验条件一旦确定，不能随意更改。否则需要重新制作标准曲线。

【思考题】

1. 为什么实验中需要使用三乙醇胺？三乙醇胺有什么作用？

2. 查阅相关文献资料，猜测光催化过程中可能发生的电子转移过程。

3. 催化产物氢气在什么检测器上有响应？影响该检测器灵敏度的因素有哪些？

4. 查阅相关书籍资料，了解评价检测器的性能指标有哪些。

参考文献

［1］ 叶宪曾，张新祥，等. 仪器分析教程［M］. 2 版. 北京：北京大学出版社，2007.

［2］ 许大全. 光合作用学［M］. 北京：科学出版社，2013.

［3］ Chen S，Li K，Zhao L，et al. A Metal-Organic Cage Incorporating Multiply Light Harvest and Catalytic Centers for Photochemical Hydrogen Production［J］. Nature Communication，2016，7：13169.

实验 26 MOC-16 限域催化：苊烯顺反选择性［2＋2］环加成

【实验目的】

1. 了解光化学基本概念和基本知识。
2. 掌握［2＋2］光环化构型选择性的物理有机化学原理。
3. 理解分子笼限域选择性催化的原理。
4. 学习光化学实验和微量反应的基本操作。

【实验原理】

1. 光催化苊烯［2＋2］环加成反应

从自然界光合作用到不断涌现的光化学反应，光能作为清洁易得的能量，驱动反应发生。光化学研究物质吸收紫外光或可见光所经历的物理和化学过程。随着人类社会可持续发展意识的增强，光催化，尤其是可见光光催化越来越受到研究者们的青睐。

环化反应是超分子催化领域的常青树。在超分子体系中，为了验证主-客体限制造成的底物选择性，化学家通常会将环化反应作为一类模型反应。由于在限域空间内，底物的排布和定位往往不同于在溶液中，进而环化反应可能产生不同于溶液反应的产物。对于产生多构型产物的环化反应，超分子笼的限域空间常常对某一种构型具有选择性。

苊烯（ACE）在光照下可以发生［2＋2］环加成反应，其产物可能有顺式（*syn*）和反式（*anti*）两种构型，如图 1。根据其反应机理，苊烯顺式构型的产物是由激发单重态反应产生的，反式构型的产物是由激发三重态反应产生的。在溶液中，由于苊烯从单重态到三重态的系间窜越速率过低，并不能有效产生激发三重态，所以其产物往往是顺式和反式构型的混合物。

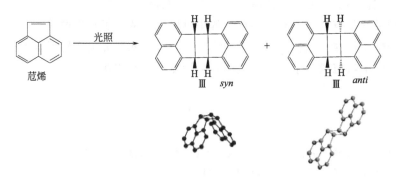

图 1 苊烯的［2＋2］环加成反应

2. 有机金属笼用于苊烯顺反选择性［2＋2］环加成

MOC-16 作为一类活性超分子笼，一方面具有光催化活性中心 Ru（Ⅱ），可以在光照下使苊烯达到其三重激发态；另一方面具有 12 个开放的窗口，对底物具有限域作用。这些窗口通过主-客体作用，可以对苊烯的环加成反应起到加速作用。经过对其反应动力学研究发现，在 MOC-16 的催化下，其速率常数为 $k_{MOC,cat}=0.48 L/(mol \cdot s)$。而在 $Ru(II)L_3$ 催化和无催化剂的条件下，反应的速率常数分别为 $k_{Ru(II)L_3,cat}=0.043 L/(mol \cdot s)$ 和 $k_{uncat}=0.0016 L/(mol \cdot s)$。表明 MOC-16 对反应起到了类似于酶催化的加速作用。此外，由于分子笼的限域作用，其反应物可以有序地排布在窗口处，从而对反应产物的构型进行有效控制（图 2）。通过理论计算对不同主-客体结构的生成焓比较发现均是反式构型能量更低，因此反式产物在 MOC-16 的催化结构中为主产物。

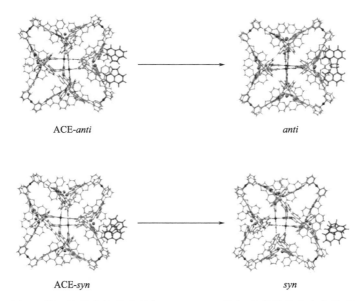

图 2　模拟计算获得的苊烯与 Δ-MOC-16 的主-客体结构和产物构型

本实验将在 MOC-16、RuL₃ 和无催化剂条件下探究 MOC-16 的限域环境对苊烯 [2＋2] 环加成反应产物构型的控制。

【仪器试剂】

1. 仪器：Bruker AVANCE Ⅲ型 400MHz 核磁共振谱仪（德国布鲁克公司），5mm 核磁管，蓝光 LED 灯带光源，天平，旋转蒸发仪＋真空泵＋冷却泵，100～1000μL 移液枪等。

2. 试剂：RuL₃，MOC-16，苊烯，DMSO，乙酸乙酯，饱和食盐水，氘代氯仿（CDCl₃）等。

【实验步骤】

1. 光环化反应

在三个 5mL 玻璃样品瓶/石英管中，分别采用 RuL₃（0.0128mmol，15mg）、MOC-16（0.0016mmol，16mg）和空白对照，编号为 1～3。苊烯（0.064mmol，10mg）溶解于 1000μL DMSO，分别取 250μL 加入 1～3 样品瓶，再向 1～3 样品瓶加入 250μL DMSO，搅拌/超声 10min 溶解完全。再分别加入 500μL 蒸馏水/二次水，搅拌冷却至室温。将 1～3 样品瓶放在蓝光 LED 下光照反应 2h，期间每 0.5h 观察反应液澄清/浑浊情况。

2. 反应后处理

在 RuL₃ 和 MOC-16 反应 2h 和空白反应 4h 后，用 4mL 乙酸乙酯萃取 3 次，萃取液用 4mL 水洗 2 次，4mL 饱和食盐水洗 1 次，无水硫酸钠干燥，旋干。将 1～3 样品瓶旋干的产物用 500μL CDCl₃ 溶解，进行核磁表征，计算转化率。

【数据处理】

1. 利用核磁软件（如 Mnova）和图形处理软件（如 PS），对测得的核磁谱图进行标记。

2. 通过 Scifinder 查找产物，查阅苊烯原料、*syn*-和 *anti*-构型产物的核磁数据。

3. 对苊烯及产物特征峰进行归属和积分，确定转化率。

序号	转化率/%	*syn*-选择性/%	*anti*-选择性/%
1			
2			
3			

4. 对比讨论不同条件的产物构型选择性。

【注意事项】

1. 微量反应的质量称量。天平的精度与最小称量的质量息息相关，为防止平行实验的误差，应用溶液量取的方式。

2. 反应开始前确认催化剂和原料是否溶解，必须在 DMSO 中完全溶解后才能加入水，否则不会再溶解。

3. 光反应会受到光源的影响，须采用同一个光源的实验进行对照。

【思考题】

1. 光环化反应是否能采用加热的方式发生？
2. 光环化反应的构型选择性是否受到温度的影响？

参考文献

[1] 图罗 N J，拉马穆尔蒂 V，斯卡约 J C，等 . 现代分子光化学（1）：原理篇 [M]. 吴骊珠，佟振允，吴世康，等译 . 北京：化学工业出版社，2015.

[2] Haga N，Takayanagi H，Tokumaru K. Mechanism of Photodimerization of Acenaphthylene [J]. The Journal of Organic Chemistry，1997，62（11）：3734-3743.

[3] Guo J，Fan Y Z，Lu Y L，et al. Visible-Light Photocatalysis of Asymmetric [2＋2] Cycloaddition in Cage-Confined Nanospace Merging Chirality with Triplet-State Photosensitization [J]. Angewandte Chemie International Edition，2020，59（22）：8661-8669.

附：实验结果与标准谱图（图 S1～S3）

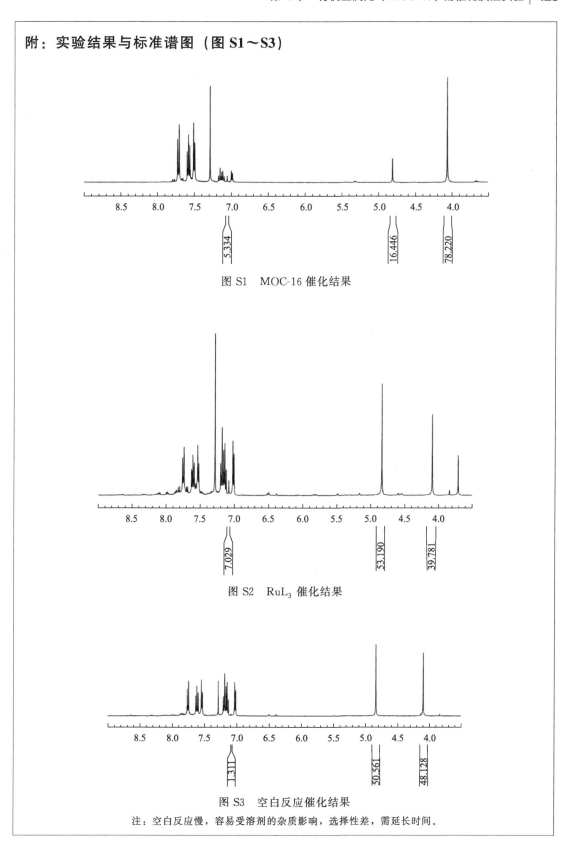

图 S1　MOC-16 催化结果

图 S2　RuL$_3$ 催化结果

图 S3　空白反应催化结果

注：空白反应慢，容易受溶剂的杂质影响，选择性差，需延长时间。

实验 27　MOC-16 限域催化：1-溴代苊烯不对称［2＋2］环加成

【实验目的】

1. 了解手性催化基本概念和知识。
2. 理解超分子笼对 1-溴代苊烯进行不对称催化的原理。
3. 掌握有机物手性色谱检测的基本流程。

【实验原理】

1. 底物合成

通过 Br_2 对苊烯双键的加成，生成 1,2-二溴代苊；进一步在碱性条件下消除，生成双键，即得到目标产物 1-溴代苊烯（图 1）。烯烃容易与卤素发生加成反应，该反应在室温下能迅速发生，可以用于鉴别烯烃，如使溴的四氯化碳溶液褪色。然而液溴的毒性大，现在已逐渐被温和的溴代试剂所取代。

图 1　1-溴代苊烯的合成

2. 不对称光催化

分子的手性可以对其生物学和物理性质产生深远的影响。因此，从非手性起始材料生产对映异构体富集产品的方法对于合成各种材料包括药物分子、农用化学品和聚合物等特别重要。2001 年和 2021 年诺贝尔化学奖获得者研究领域为不对称催化领域，表明了这一领域在当代合成化学中的核心地位。

近年来，科学家们发展了对映选择性催化光反应的新策略。由于底物可以通过光化学活化的方式来获得独特的反应中间体，从而构建用其他方法无法获得的拓扑复杂的分子结构，因而吸引了很多研究者的关注。然而，光反应中产生的是高活性的自由基中间体，对抑制反应过程中出现的外消旋反应存在很大困难，因此以高度对映选择性方式进行的各种有机光反应仍然相对有限。

目前不对称光催化中许多成功方法背后的指导策略是底物与手性催化剂的预缔合原理，例如利用氢键相互作用进行强预结合、底物与催化剂形成电子供体-受体（EDA）复合物、手性催化剂与底物的配位生成具有改变光吸收特性的新化合物等。这些方法对推动不对称光催化的发展具有重要意义。但这些策略中往往需要对底物的结构和官能团进行独特的设计，这大大限制了其底物类型。同时，当手性有机小分子、有机金属化合物和过渡金属配合物用作不对称光催化剂时，依赖氢键、静电相互作用或 EDA 相互作用来直接进行催化剂-底物预缔合，通常需要使用相对非极性的有机溶剂。而削弱这些非共价相互作用的极性质子溶剂通常会导致较低的对映选择性。

3. 手性分子笼的不对称光催化

手性超分子笼 Δ/Λ-MOC-16 具有光催化活性中心 Ru(Ⅱ)，在光照下可以使 1-溴代苊烯发生 [2＋2] 光环化反应。1-溴代苊烯的 [2＋2] 光环化反应可以产生多种异构体（图 2）。理论上，该反应可以生成顺反异构和头尾排列异构共 6 种产物，其中4a 与 4b 互为对映异构体，采用手性催化剂可能获得对映选择性。事实上，与单独 Ru(Ⅱ) 配体相比，Δ/Λ-MOC-16 具有独特疏水的空腔结构以及 12 个单一手性的窗口。这些窗口通过主-客体作用，可以对苊烯的环加成反应起到加速作用。经过对其反应动力学研究发现，在 MOC-16 的催化下，其反应速率常数为 $k_{\text{MOC,cat}}=0.3235\text{L}/(\text{mol·s})$，而在 Ru(Ⅱ)$L_3$ 催化和无催化条件下，反应速率常数分别为 $k_{\text{Ru(Ⅱ)}L_3,\text{cat}}=0.0095\text{L}/(\text{mol·s})$ 和 $k_{\text{uncat}}=0.0043\text{L}/(\text{mol·s})$，表明 MOC-16 对反应起到了类似于酶催化的加速作用，这也有利于抑制不对称反应中的外消旋反应。此外，由于适当的 π-π 堆积以及 Br 原子与 Ru(Ⅱ) 中心之间的偶极相互作用，使得 1-溴代苊烯在窗口处以头对头的方式排列，进而在具有疏水效应的反应介质中选择性地生成反式头对头构型（anti-HH）的产物（图 3）。由于笼子窗口的限制作用，窗口处的两个底物难以进行交叉换位，因而在具有单一手性环境的窗口处可以生成单一手性的产物。实验表明，在合适的反应条件下，1-溴代苊烯可以实现 99% 的非对映选择性以及 88% 的对映选择性。

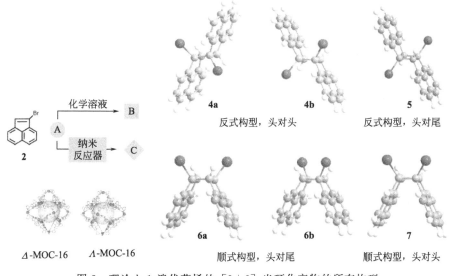

图 2　理论上 1-溴代苊烯的 [2＋2] 光环化产物的所有构型

该实验利用 Δ/Λ-MOC-16 进行手性光催化控制，最终结果以 ee（对映体过量）值表示。

【仪器试剂】

1. 仪器：Bruker AVANCE Ⅲ型 400MHz 核磁共振谱仪（德国布鲁克公司），5mm 核磁管，蓝光 LED 灯带光源，天平，旋转蒸发仪＋真空泵＋冷却泵，100～1000μL 移液枪等。

2. 试剂：RuL$_3$，外消旋和手性 MOC-16，苊烯，三溴化吡啶，氢氧化钠，亚硫酸氢钠，正己烷/石油醚，DMSO，乙醇，乙酸乙酯，饱和食盐水，氘代氯仿（CDCl$_3$）等。

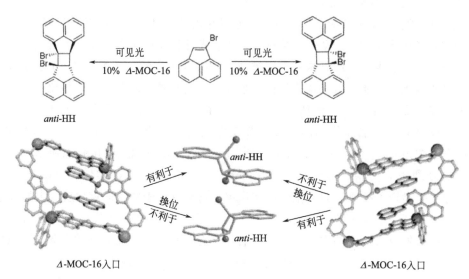

图 3 1-溴代苊烯的 [2＋2] 光环化产物的选择性控制原理示意图

【实验步骤】

1. 原料制备

将 1g 苊烯溶解在 25mL 四氢呋喃中，并在－78℃搅拌。将 2.3g 三溴化吡啶溶解在 10mL 四氢呋喃，在－78℃滴入上述苊烯溶液，滴加速度应慢，控制在 0.5～1h。滴加完毕后缓慢升温，搅拌过夜。用 30mL 正己烷/石油醚萃取三次，并用 NaHSO₃ 饱和水溶液洗、水洗、饱和食盐水洗，干燥，旋干。将上述粗产物与 3g NaOH 溶于 25mL 乙醇，加热回流 3～12h，通过点板确定原料耗尽。用正己烷/石油醚萃取三次，水洗、饱和食盐水洗，干燥，旋干。用正己烷/石油醚过柱，只保留第一个点即是目标产物 1-溴代苊烯（$R_f＝0.8$，淡黄色液体），通过核磁表征确认。

2. 光环化反应

在三个 5mL 玻璃样品瓶/石英管中，分别采用 Δ/Λ-MOC-16（0.0016mmol，16mg）和外消旋 MOC-16（0.0016mmol，16mg）对照，编号为 1～3。1-溴代苊烯（0.064mmol）溶解于 1000μL DMSO，分别取 250μL 加入 1～3 样品瓶，再向 1～3 样品瓶中加入 250μL DM-SO，搅拌/超声 10min 溶解完全。再分别加入 500μL 蒸馏水/二次水，搅拌冷却至室温。将 1～3 样品瓶放在蓝光 LED 下光照反应 2h，期间每 0.5h 观察反应液澄清/浑浊情况。

3. 反应后处理

反应 2h 后，溶液离心，固体水洗 3 次，80℃烘干。用色谱纯试剂溶解，进行手性色谱表征，确认手性对映异构体过量值（ee 值）。

1-溴代苊烯 [2＋2] 环加成消旋产物（anti-HH 构型）：出峰时间为 5.1min 与 5.4min。条件：大赛璐 IC 柱（250mm×4.6mm），室温，流动相为正己烷：异丙醇＝99：1（体积比），流速为 1mL/min。

【数据处理】

1. 各步骤合成实验都需要提供核磁[1]H NMR。

2. 对 1～3 样品手性色谱结果进行对比，归属手性产物出峰，确定 Δ/Λ-MOC-16 手性催化 ee 值。

【注意事项】

1. DMSO 等溶剂对色谱柱有害并对谱峰结果产生极大影响，应尽可能水洗除尽。

2. 手性催化结果容易受到催化剂手性纯度影响和原料纯度影响。

【思考题】

1. 未知化合物的手性构型如何确定？相对构型与绝对构型的概念如何区别？

2. 在实验中是否有顺反异构体的干扰影响 ee 值的判定？

参考文献

［1］邢其毅. 基础有机化学［M］. 4 版. 北京：高等教育出版社，2017.

［2］Matthew J G，Jesse B K，Wesley B S，et al. Chiral Photocatalyst Structures in Asymmetric Photochemical Synthesis［J］. Chemical Reviews，2022，122（2）：1654-1716.

［3］Yoshizawa M，Takeyama Y，Kusukawa T，et al. Cavity-Directed，Highly Stereoselective［2＋2］Photodimerization of Olefins within Self-Assembled Coordination Cages［J］. Angewandte Chemie International Edition，2002，41（8）：1347-1349.

［4］Guo J，Fan Y Z，Lu Y L，et al. Visible-Light Photocatalysis of Asymmetric［2＋2］Cycloaddition in Cage-Confined Nanospace Merging Chirality with Triplet-State Photosensitization［J］. Angewandte Chemie International Edition，2020，59（22）：8661-8669.

附：实验结果与标准谱图（图 S1～S4）

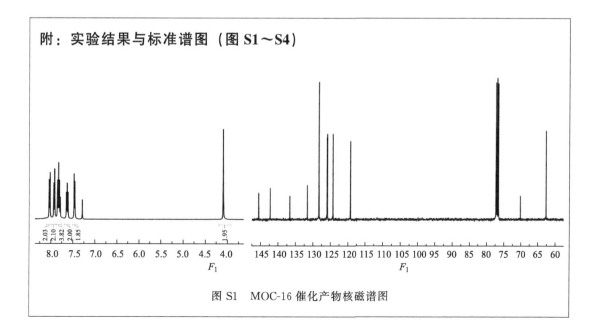

图 S1　MOC-16 催化产物核磁谱图

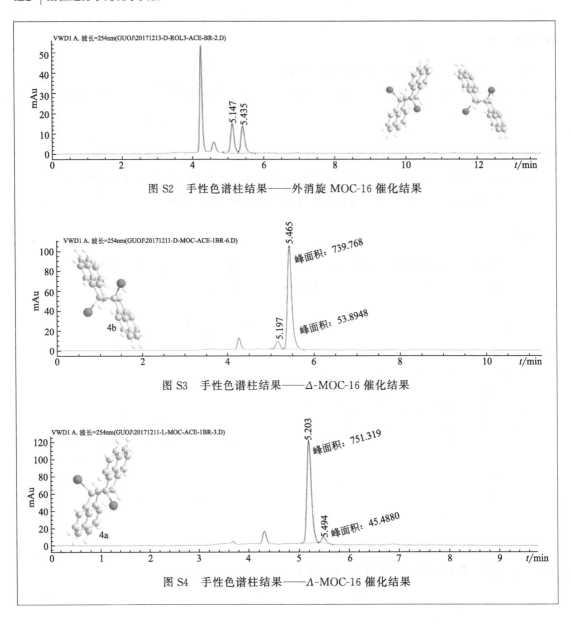

图 S2　手性色谱柱结果——外消旋 MOC-16 催化结果

图 S3　手性色谱柱结果——Δ-MOC-16 催化结果

图 S4　手性色谱柱结果——Λ-MOC-16 催化结果

实验 28　MOC-16 限域催化：查耳酮非对映选择性 [2+2] 环加成

【实验目的】

1. 了解 MOC-16 催化查耳酮非对映选择性 [2+2] 环加成原理。

2. 了解光催化反应操作步骤。

3. 掌握气体保护反应操作步骤。

4. 掌握环加成核磁产物的分析及非对映体比例（diastereomeric ratio，$d.r.$）值的计算。

【实验原理】

1. 查耳酮类衍生物合成

取 100mL 圆底烧瓶，加入 15mmol 醛类底物，溶于 50mL 的甲醇溶液中，在 0℃ 的条件下搅拌，搅拌过程中缓慢滴加氢氧化钾的水溶液（40mmol 氢氧化钾溶于 10mL H_2O），滴加完后搅拌 10min。将 15mmol 酮类底物分几次加入反应溶液中继续搅拌，反应过程中通过点板检测。原料都消耗后，向反应液中加入水猝灭反应，利用减压蒸馏除去反应溶液甲醇。剩余的反应物用乙酸乙酯萃取三次，合并有机相，用饱和氯化钠水洗三次，然后加入无水硫酸钠干燥，取干燥后的有机溶剂减压蒸馏。利用硅胶色谱柱对产物进一步纯化，得到相应的查耳酮类衍生物（图 1）。

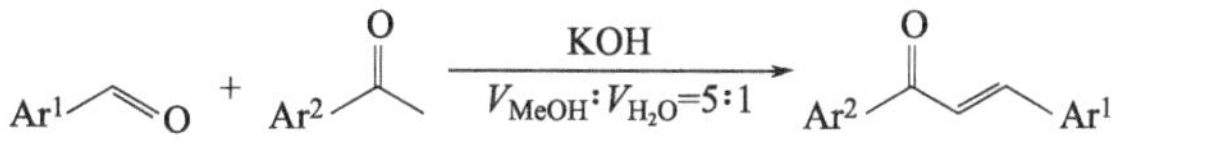

图 1　查耳酮类衍生物合成反应方程式

2. [2+2] 环加成反应

取代环丁烷是许多天然产物、药物分子和生物活性分子的核心结构，而烯烃 [2+2] 环加成反应是最常用的直接获取环丁烷结构的方法之一。1877 年，Liebermann（利伯曼）课题组首先报道了利用紫外光催化百里香醌自身 [2+2] 烯烃加成反应合成环丁烷结构。此后，烯烃的光催化环加成反应就成了合成环丁烷骨架的主要方法之一。

3. MOC-16 催化 α，β-不饱和烯酮的 [2+2] 光环化反应

室温下，选取 450nm 蓝光作为光源，在氮气氛围的保护下，选择 MOC-16 为催化剂，查耳酮（图 2，**1a**）为底物，进行催化反应。随着溶剂体系的改变，产物的立体选择性也随之发生变化。最终发现当反应溶剂为丙酮：水（2:1）或者乙腈：水（2:1）时，反应产物以 $anti$-TT（反式头对头，**1′**）为主产物（表 1 批次 9 和 10）。当反应溶剂为 DMSO：水（1:4）时，反应产物以 syn-TT（顺式头对头，**1**）为主产物（表 1 批次 11），并具有较高的产率。

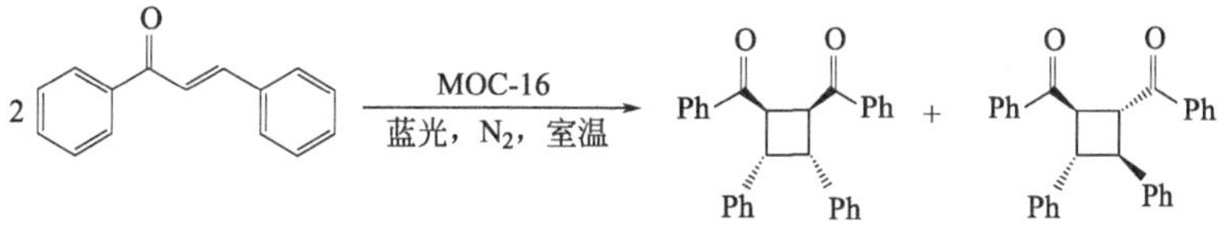

图 2　MOC-16 催化查耳酮衍生物 [2+2] 光环化反应

表 1　不同催化反应条件下的非对映体产物比例

批次	溶剂	时间/h	MOC-16(摩尔分数)/%	产率/% 和非对映体比例(顺式/反式)
1	1,4-二噁烷(3mL)	12	2	痕量产物
2	$ClCH_2CH_2Cl$(3mL)	12	2	痕量产物

续表

批次	溶剂	时间/h	MOC-16（摩尔分数）/%	产率/%和非对映体比例（顺式/反式）
3	CH$_2$Cl$_2$(3mL)	12	2	10(2∶3)
4	丙酮(3mL)	12	2	43(1∶6)
5	乙腈(3mL)	12	2	35(1∶3)
6	DMF(3mL)	12	2	未检测到产物
7	甲醇(3mL)	12	2	70(1∶5)
8	甲醇∶水(2∶1,3mL)	12	2	73(1∶2.3)
9	丙酮∶水(2∶1,3mL)	12	2	77(1∶6)
10	乙腈∶水(2∶1,3mL)	12	2	75(1∶5)
11	DMSO∶水(1∶4,3mL)	12	2	89(1.4∶1)
12	乙醇(3mL)	12	2	62(1.4∶1)

4. MOC-16 光催化分子间［2+2］环加成反应机理研究

利用查耳酮作为底物，通过核磁共振氢谱滴定实验研究 MOC-16 与底物之间的相互作用。与氘代丙酮∶重水（2∶1）或氘代乙腈∶重水（2∶1）的溶剂体系相比较，在氘代 DMSO∶重水（1∶3）的溶剂条件下加入查耳酮后，客体查耳酮和超分子笼 MOC-16 信号都发生明显的转移和分裂，说明在氘代 DMSO∶重水（1∶3）溶剂中，MOC-16 具有明显的疏水作用。这种疏水作用更有利于底物的捕获。所以在该溶剂条件下，分子笼作为催化剂更容易提高反应速率和控制反应的区域/立体选择性，从而形成 syn-TT（顺式头对头）的非对映异构体主产物。

【仪器试剂】

1. 仪器：四孔光反应装置，史莱克管，分液漏斗，Bruker AVANCE Ⅲ 400（400MHz）核磁共振谱仪（德国布鲁克公司），核磁管，旋转蒸发仪，真空泵，冷却泵，100～1000μL 移液枪等。

2. 试剂：MOC-16，查耳酮，去离子水，DMSO，饱和氯化钠，无水硫酸钠，石油醚，乙酸乙酯，氘代氯仿（CDCl$_3$）等。

【实验步骤】

1. 取 25mL 的史莱克管，加入反应底物（查耳酮，0.10mmol），和催化剂 MOC-16（0.03mol%），溶解于 0.75mL 的 DMSO 中。

2. 反应液利用氮气鼓泡，脱氧 10min 后，加入已经做过脱氧处理的水溶液（2.25mL）。

3. 混合溶液在室温下搅拌，用 24W 蓝光光照 12h。

4. 反应完成后，用乙酸乙酯萃取三次，合并有机相，用饱和氯化钠水洗三次后，加入无水硫酸钠干燥，取干燥后的有机溶剂减压蒸馏。

【数据处理】

将所得的产物溶解在 CDCl$_3$ 中，进行 ^{1}H NMR 分析，检测 $d.r.$ 值，然后用硅胶色谱柱（以正己烷/EtOAc＝100∶1 为洗脱剂，体积比）进行收集和纯化，获得所需的产品。

【注意事项】

水等溶剂对核磁谱峰位置有较大的影响，应尽可能将水通过与石油醚一同旋转蒸发除去。

【思考题】

1. 影响催化立体选择性的因素有哪些？
2. MOC-16 是否可以催化肉桂酸酯类衍生物的 [2＋2] 环加成反应？

参考文献

[1] Monache G D, et al. Caracasandiamide, a truxinic hypotensive agent from verbesina caracasana [J]. Bioorganic & Medicinal Chemistry Letters, 1996, 6: 233-238.
[2] Wang J S, Wu K, Yin C, et al. Cage-confined photocatalysis for wide-scope unusually selective [2＋2] cycloaddition through visible-light triplet sensitization [J]. Nature Communications, 2020, 11: 4675.
[3] 王静思. Ru/Pd 配位超分子笼选择性光催化分子间 [2＋2] 环加成反应研究 [D]. 广州：中山大学, 2020.

附：实验结果与标准谱图（图 S1～S2）

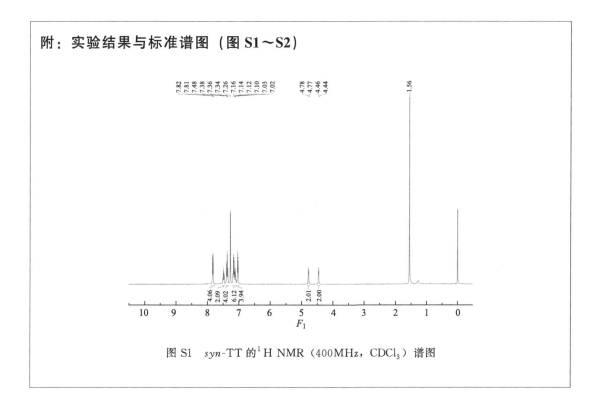

图 S1　syn-TT 的 ^{1}H NMR（400MHz，CDCl$_3$）谱图

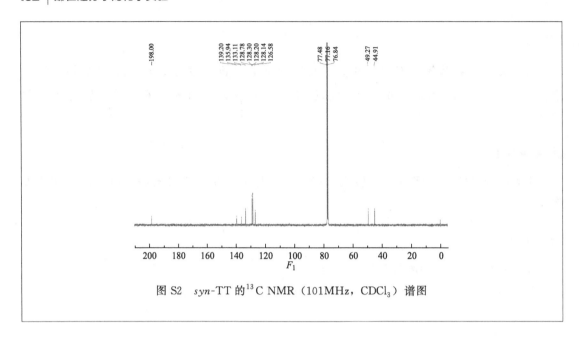

图 S2 *syn*-TT 的 ^{13}C NMR（101MHz，CDCl$_3$）谱图

实验 29 MOC-16 限域催化：查耳酮-肉桂酸非对映选择性 ［2＋2］环加成

【实验目的】

1. 了解 MOC-16 催化查耳酮-肉桂酸非对映选择性 ［2＋2］环加成原理。
2. 掌握分子间交叉 ［2＋2］环加成（异偶联）产物的分析方法。

【实验原理】

1. 肉桂酸衍生物的合成

取 100mL 圆底烧瓶，加入 α，β-不饱和芳香类羧酸（6mmol），溶解于 20mL 乙醇中，向反应液中缓慢滴加硫酸（9mmol）。反应在回流温度下搅拌 16h 后，冷却至室温，向反应液中加入 40mL 的水猝灭反应。用乙酸乙酯萃取三次，合并有机相，用饱和碳酸氢钠水洗三次后，加入无水硫酸钠干燥，取干燥后的有机溶剂减压蒸馏。利用硅胶色谱柱对产物进一步纯化，得到相应的肉桂酸类衍生物（图 1）。

$$Ar^3 \diagup\!\!\!\diagup \overset{O}{\underset{}{\diagdown}} OH \xrightarrow[\text{ROH，回流}]{H_2SO_4} Ar^3 \diagup\!\!\!\diagup \overset{O}{\underset{}{\diagdown}} O\text{-}R$$

图 1 肉桂酸类衍生物合成反应方程式

2. 选择性异偶联反应

可见光催化烯烃［2＋2］光环化反应，是生成具有生物活性的四取代环丁烷结构的最简单的办法。虽然环丁烷已经被发现了一个多世纪，但它们作为合成中间体的用途在最近 30 年才开始蓬勃发展。可见光催化［2＋2］环丁烷的反应仍然存在很多挑战。

首先，顺式的异构体产物只能通过共价和非共价键，以固态反应与底物相互作用的模板来获得。在实验 28 的研究中，利用配位超分子笼 MOC-16 作为可见光催化剂和模板，完成了溶液中分子间［2＋2］自聚的反应。

其次，即使利用模板或者固态反应，选择性的异偶联也是很难实现的，因为需要对两种不同的底物选择性的共同定位。这类报道很少见，仅限于两个非常相似的、高度对称的底物的耦合反应。

3. MOC-16 光催化分子间交叉［2＋2］环加成反应

在室温下，选取 450nm 蓝光作为光源，在氮气氛围的保护下，以 MOC-16 为催化剂，以查耳酮和对甲氧基肉桂酸甲酯（图 2 中的 **1a** 和 **1b**，摩尔比 1∶1）为底物，对反应条件进行优化。结果表明，与实验 28 中同分子间［2＋2］反应的自聚结果一致，在 DMSO∶H_2O（1∶3）（表 1，批次 3）的条件下，反应具有较高的产率和较好的选择性。进一步通过改变溶剂的体积对反应物的最优浓度进行筛选（表 1，批次 3、6～9），确定在反应液体积为 3mL 时反应产率最高。

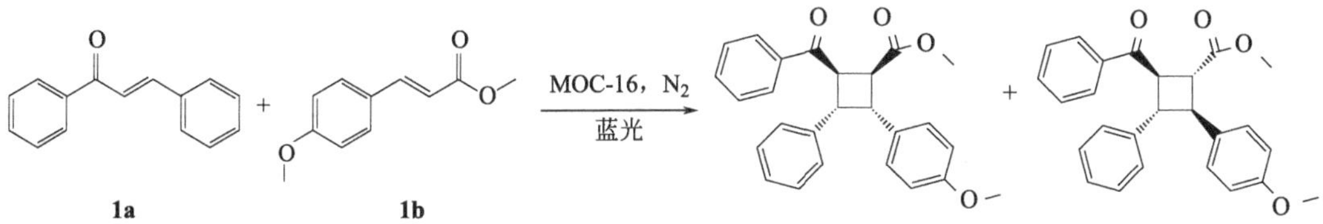

图 2　MOC-16 催化查耳酮与对甲氧基肉桂酸甲酯［2＋2］环加成反应

表 1　不同 DMSO∶H_2O 混合比和体积筛选的催化反应结果

批次	反应物比例 （**1a**∶**1b**）	溶剂	MOC-16 摩尔分数/%	产率/%和非对映体比例 （d.r.，顺/反）
1	1∶1	DMSO∶H_2O=2∶1(3mL)	0.16	29(9∶1)
2	1∶1	DMSO∶H_2O=1∶1(3mL)	0.16	47(19∶1)
3	1∶1	DMSO∶H_2O=1∶3(3mL)	0.16	51(13∶1)
4	1∶1	DMSO∶H_2O=1∶5(3mL)	0.16	37(10∶1)
5	1∶1	DMSO∶H_2O=1∶9(3mL)	0.16	47(8.3∶1)
6	1∶1	DMSO∶H_2O=1∶3(2mL)	0.16	40(11∶1)
7	1∶1	DMSO∶H_2O=1∶3(4mL)	0.16	48(11∶1)
8	1∶1	DMSO∶H_2O=1∶3(5mL)	0.16	45(9.3∶1)
9	1∶1	DMSO∶H_2O=1∶3(6mL)	0.16	42(11∶1)

4. MOC-16 催化机理研究

在氘代 V_{DMSO}：$V_{重水}$（1∶3）的溶剂体系下，利用查耳酮和对溴肉桂酸甲酯作为底物，通过核磁共振氢谱滴定实验，研究了 MOC-16 与底物之间的相互作用。结果发现，当加入客体分子对溴肉桂酸甲酯后，明显引起了查耳酮和 MOC-16 的核磁峰信号发生位移。这表明两种底物通过与 MOC-16 的主-客体相互作用，出现了共定位的效果，这类似于酶催化系统中的协同效应。

【仪器试剂】

1. 仪器：四孔光反应装置，史莱克管，分液漏斗，Bruker AVANCE Ⅲ 400（400MHz）核磁共振谱议（德国布鲁克公司），核磁管，旋转蒸发仪，真空泵，冷却泵，100～1000μL 移液枪等。

2. 试剂：MOC-16，查耳酮，DMSO，去离子水，二氯甲烷，饱和氯化钠，无水硫酸钠，石油醚，乙酸乙酯，氘代氯仿（$CDCl_3$）等。

【实验步骤】

1. 取 25mL 的史莱克管，加入反应底物查耳酮（0.20mmol）、对溴肉桂酸甲酯（0.10mmol）和催化剂 MOC-16（0.16mol%），溶解于 0.75mL 的 DMSO 中。

2. 反应液氮气鼓泡，脱氧 10min 后，加入已经做过脱氧处理的水溶液（2.25mL）。

3. 混合溶液在室温下搅拌，用 24W 蓝光光照 12h。

4. 反应完成后，用乙酸乙酯萃取三次，合并有机相，用饱和氯化钠水洗三次后，加入无水硫酸钠干燥，取干燥后的有机溶剂减压蒸馏。

【数据处理】

将所得的产物溶解在 $CDCl_3$ 中，进行 ^{1}H NMR 分析，检测 $d.r.$ 值，然后用硅胶色谱柱（以正己烷/EtOAc＝100∶1 为洗脱剂）进行收集和纯化，获得所需的产品。

【思考题】

1. 在没有 MOC-16 作为限域催化剂的情况下，分子间 [2＋2] 环加成产物有多少种？

2. MOC-16 作为催化剂是否可以循环利用？为什么？

参考文献

[1] Alonso R，Bach T. A chiral thioxanthone as an organocatalyst for enantioselective [2＋2] photocycloaddition reactions induced by visible light [J]. Angewandte Chemie International Edition，2014，126：4457-4460.

[2] Lee-Ruf E，Mladenova G. Enantiomerically pure cyclobutane derivatives and their use in organic synthesis [J]. Chemical Reviews，2003，103：1449-1484.

[3] 王静思. Ru/Pd 配位超分子笼选择性光催化分子间 [2＋2] 环加成反应研究 [D]. 广州：中山大学，2020.

附：实验结果与标准谱图（图 S1~S2）

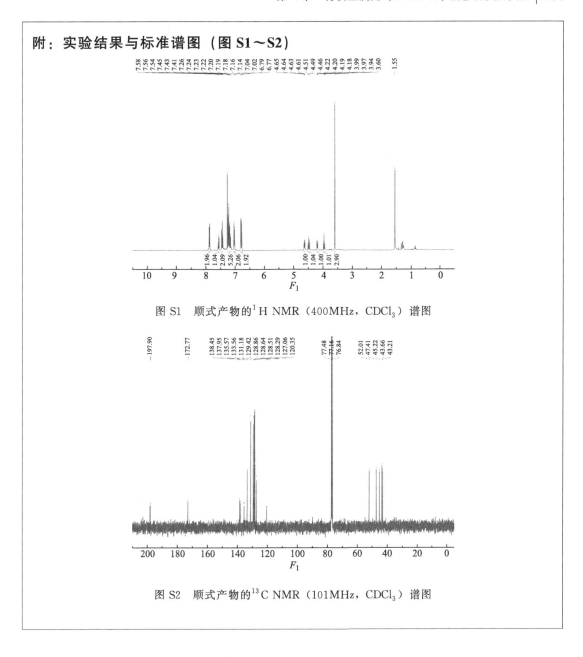

图 S1　顺式产物的 ^{1}H NMR（400MHz，CDCl$_3$）谱图

图 S2　顺式产物的 ^{13}C NMR（101MHz，CDCl$_3$）谱图

实验 30　MOC-16 限域催化：苯乙炔在酸碱两性开放孔溶液中的 H/D 交换

【实验目的】

1. 了解传统的末端炔烃 H/D 交换机理与方法。

2. 理解利用 MOC-16 的酸碱两性环境，实现苯乙炔在非常规条件下的 H/D 交换机制。

【实验原理】

1. 传统的末端炔烃 H/D 交换

一般来说，末端炔烃的炔氢具有一定的酸性，要活化炔氢键一般要引入无机或有机碱，形成碳负离子中间体，从而实现 H/D 交换过程（图 1）。常用的碱有 NaOH、KOH、金属钠、丁基锂等。并且由于绝大多数炔烃不溶于水，反应一般在有机溶剂中进行。

$$R \!\equiv\! H \xrightarrow{\text{碱}} R \!\equiv\! D$$

图 1 炔烃氘代反应方程式

2. MOC-16 酸碱两性的开放孔溶液体系

MOC-16 由于具有明确的内部空腔和适宜的与溶液相接触的界面窗口，可以实现物质或分子的传输、识别和预组织，因此可以看作是一种开放孔溶液体系。如实验 14 所述，通过测定 MOC-16 的 pK_a 位移显示出其本身是布朗斯特酸，其酸性大致与乙酸相当，即通过结构上的 NH 基团部分质子解离创造了酸性的溶液外环境。然而在 MOC-16 开放孔溶液的空腔内部，由于依然保持高正电荷分布的特性，可以通过静电作用诱导形成负离子过渡态或中间体，因此该空腔对酸性的物质或分子来说具有了碱性的属性。因此，MOC-16 在均相化的溶液体系中创造了酸性和碱性对立统一存在的纳米异相化环境。利用这些特征，不但可以将诸如苯乙炔这种疏水性分子通过主-客体作用引入到水相环境，并且在分子笼的空腔内部实现了 H/D 交换过程而免于外部酸性环境的干扰（图 2）。

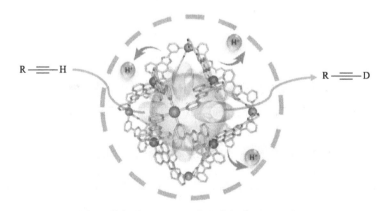

图 2 炔烃在 MOC-16 溶液中氘代过程示意图

【仪器试剂】

1. 仪器：Bruker AVANCE Ⅲ 型 400MHz 核磁共振谱仪（德国布鲁克公司），5mm 核磁管，天平，移液枪，搅拌器等。

2. 试剂：MOC-16 样品，苯乙炔，DMSO-d_6，D$_2$O，CDCl$_3$ 等。

【实验步骤】

配制 MOC-16（50.0mg，0.004mmol）的溶液（0.3mL DMSO-d_6＋3.0mL D$_2$O），用

移液枪量取 2.7μL 苯乙炔（0.024mmol），一次性加入上述分子笼溶液中。该溶液在室温下搅拌 7h 后，用 CDCl₃（800μL）萃取产物，做核磁氢谱表征。

【注意事项】

1. MOC-16 样品中不要含有多余的钯盐，否则会与苯乙炔反应生成金属有机化合物。

2. 用 CDCl₃ 萃取产物分层后，要静置一段时间，或者通过高速离心尽量除去有机相中的水分，否则会影响核磁谱图。

【思考题】

1. 观察苯乙炔被 MOC-16 包合后的化学位移变化，并解释这种变化趋势。

2. 如何通过核磁共振氢谱来确认苯乙炔是否发生了 H/D 交换过程？

3. 思考酸碱两性的开孔笼溶液除了可以实现普通炔的 H/D 过程，还可能有益于哪类结构敏感炔的 H/D 交换过程？

参考文献

[1] Li K，Wu K，Fan Y Z，et al. Acid Open-Cage Solution Containing Basic Cage-Confined Nanospaces for Multiple Catalysis [J]. National Science Review，2021，8：nwab155.

[2] Li K，Wu K，Lu Y L，et al. Creating Dynamic Nanospaces in Solution by Cationic Cages as Multirole Catalytic Platform for Unconventional C（sp）-H Activation Beyond Enzyme Mimics [J]. Angewandte Chemie International Edition，2021，61：e202280562.

附：实验结果与标准谱图（图 S1～S2）

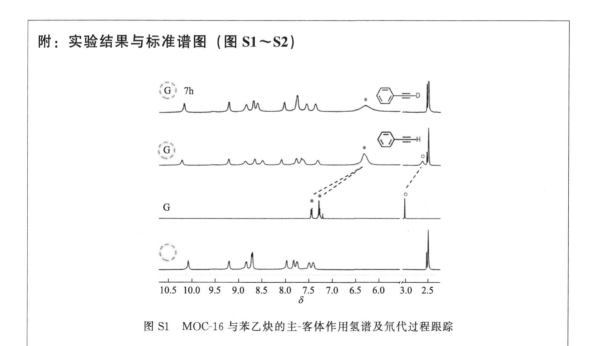

图 S1　MOC-16 与苯乙炔的主-客体作用氢谱及氘代过程跟踪

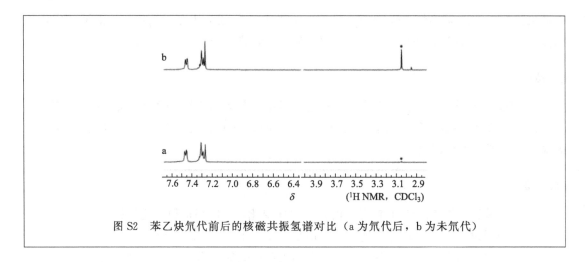

图 S2　苯乙炔氘代前后的核磁共振氢谱对比（a 为氘代后，b 为未氘代）

实验 31　MOC-16 限域催化：苯乙炔在酸碱两性开放孔溶液中的偶联反应

【实验目的】

1. 了解常规炔烃偶联反应的机理和发生条件。
2. 理解 MOC-16 开放孔溶液中的主-客体作用及偶联反应过程。

【实验原理】

1. 末端炔烃的自偶联反应

该反应又被称为 Glaser 偶联，由德国化学家 Carl Glaser 发现，是通过炔键来构筑倍增分子结构的有力工具。一般需要的反应条件是碱、金属催化剂（通常为一价金属盐，如 CuCl）和 O_2。大致经历如下的反应路径：首先，末端炔烃在碱的活化下脱掉质子，形成碳负离子中间体；该中间体与金属离子催化剂成键，形成金属有机化合物；紧接着被 O_2 氧化，形成最终的偶联产物。由于炔烃及催化剂大部分情况下都不溶于水，该反应通常只能在有机溶剂中进行（图 1）。

$$R \!\!=\!\! H \xrightarrow[\text{碱}]{\text{CuCl}} R \!\!=\!\!=\!\! R$$

图 1　末端炔烃氧化偶联过程反应方程式

2. MOC-16 开孔笼溶液条件下的偶联过程

对比之前介绍的开孔笼溶液环境下的 H/D 交换过程，同样可以将炔烃的偶联反应转移到该体系中来进行。首先，在分子笼的酸碱两性条件下可以实现笼内碱性空腔的炔氢活化；其次，MOC-16 通过框架上的咪唑 N 原子与 Cu^+ 的配位作用可以将金属催化剂镶嵌在笼壁上，为偶联反应提供了催化活性中心；最后，在 O_2 的氧化作用下完成反应过程（图 2）。综合来看，MOC-16 不仅将炔的偶联反应从传统的碱性溶液环境转移到了反常的酸性溶液环境，其自身通过配位后修饰过程提供了催化活性中心，以及通过主客体作用将反应从有机相转移到了水相环境，这些均体现了 MOC-16 的仿酶催化特性。

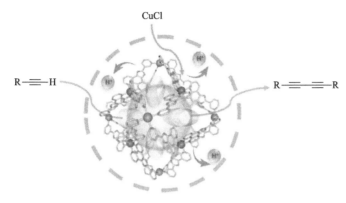

图 2　MOC-16 催化炔烃氧化偶联过程示意图

【仪器试剂】

1. 仪器：Bruker AVANCE Ⅲ 型 400MHz 核磁共振谱仪（德国布鲁克公司），5mm 核磁管，天平，移液枪，搅拌器等。

2. 试剂：MOC-16 样品，苯乙炔，CuCl，DMSO-d_6，D_2O，$CDCl_3$ 等。

【实验步骤】

配制 MOC-16（50.0mg，0.004mmol）的溶液（0.3mL DMSO-d_6＋3.0mL D_2O），将 CuCl（0.024mmol）加入上述溶液当中。待溶液变澄清后，用移液枪量取 2.7μL 苯乙炔（0.024mmol），一次性加入分子笼溶液中。该溶液在室温下搅拌 12h 后，用 $CDCl_3$（800μL）萃取产物，做核磁氢谱表征。

【注意事项】

1. MOC-16 样品中不要含有多余的钯盐，否则会与苯乙炔反应生成金属有机化合物。

2. 要使用新制的 CuCl 试剂，久置的药品可能会被氧化失去催化活性。

【思考题】

1. 观察对比偶联过程的主-客体核磁共振氢谱与 H/D 交换过程有何不同。

2. 目前该反应是以化学计量比进行的催化，通过哪些方法可以实现该反应的催化循环，提升催化剂的催化转换数？

参考文献

［1］　Li K，Wu K，Lu Y L，et al. Creating Dynamic Nanospaces in Solution by Cationic Cages as Multirole Catalytic Platform for Unconventional C（sp）-H Activation Beyond Enzyme Mimics［J］. Angew Chem Int Ed，2022，61（5）：e202114070.

附：实验结果与标准谱图（图 S1）

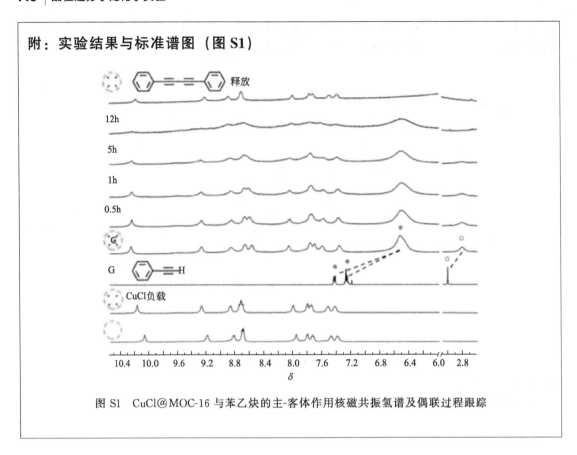

图 S1　CuCl@MOC-16 与苯乙炔的主-客体作用核磁共振氢谱及偶联过程跟踪

实验 32　MOC-16 限域催化：酸碱两性开放孔溶液中的 Knoevenagel 缩合反应

【实验目的】

1. 了解常规 Knoevenagel 反应的机理和发生条件。

2. 理解 MOC-16 开放孔溶液中的主-客体作用过程及 Knoevenagel 缩合反应。

【实验原理】

1. Knoevenagel 缩合反应

该反应指含有活泼亚甲基的化合物与醛或酮在碱性催化条件下发生脱水缩合生成 α，β-不饱和化合物及其类似物。含有活泼亚甲基的化合物一般具有 CHO、COR、COOR、COOH、CN、NO_2 等吸电子基团。常用的碱性催化剂有哌啶、吡啶、喹啉和其他一级胺、二级胺等。含有活泼亚甲基的化合物在碱作用下产生了碳负离子中间体，进而发生亲核加成（图 1）。Knoevenagel 缩合反应是制备 α，β-不饱和化合物的常用方法之一。

图 1　苯甲醛与丙二腈的 Knoevenagel 缩合反应方程式

2. MOC-16 开放孔溶液中的 Knoevenagel 缩合反应

由于 Knoevenagel 缩合反应同样涉及碳负离子中间体过程，因此也可以将该反应转移到 MOC-16 的开孔笼溶液环境中进行。该反应虽然是双分子反应，分子的有效碰撞相比单分子反应效率降低，而同时发生在笼内的概率也会降低，但是由于笼外酸性的溶液环境抑制了碳负离子的生成，从而保证了 Knoevenagel 缩合只能发生在笼内碱性空腔。同样的，分子笼的主-客体作用也将反应从有机相转移到了水相进行（图 2）。

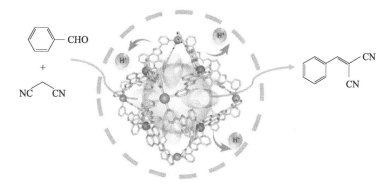

图 2　MOC-16 酸碱两性条件下 Knoevenagel 缩合反应示意图

【仪器试剂】

1. 仪器：Bruker AVANCE Ⅲ 型 400MHz 核磁共振谱仪（德国布鲁克公司），5mm 核磁管，天平，移液枪，搅拌器等。

2. 试剂：MOC-16 样品，苯甲醛，丙二腈，DMSO，H_2O，乙醚，$CDCl_3$ 等。

【实验步骤】

配制 MOC-16（50.0mg，0.004mmol）的溶液（0.3mL DMSO＋3.0mL H_2O），将苯甲醛（0.024mmol）和丙二腈（0.024mmol）分别加入上述溶液中。该溶液在室温下搅拌 12h 后，用乙醚萃取产物（3.0mL×3），合并有机相后旋蒸掉溶剂。产物用 $CDCl_3$ 溶解做核磁共振氢谱表征。

【注意事项】

1. 丙二腈常温下容易熔化，从冰箱取出后应尽快完成称量过程。

2. 为保证产物彻底萃取出来，可以点板监测萃取液浓度，直至萃取产物浓度很低。

【思考题】

除了 Knoevenagel 缩合，还有哪些反应涉及碳负离子生成过程，并适宜于转移到 MOC-

16 开放孔溶液中来进行？

参考文献

[1] Li K，Wu K，Fan Y Z，et al. Acid Open-Cage Solution Containing Basic Cage-Confined Nanospaces for Multiple Catalysis [J]. National Science Review，2021，8：nwab155.

附：实验结果与标准谱图（图 S1）

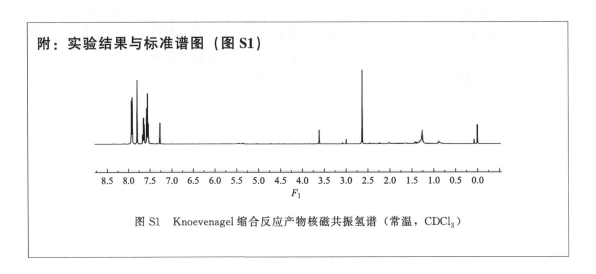

图 S1　Knoevenagel 缩合反应产物核磁共振氢谱（常温，CDCl$_3$）

实验 33　MOC-16 限域催化：酸碱两性开放孔溶液中的酸碱串联反应

【实验目的】

1. 了解酸碱串联反应的意义与常规操作。
2. 理解和掌握 MOC-16 开放孔溶液中的酸碱串联催化过程。

【实验原理】

1. 酸碱串联催化反应

普通涉及多步骤的反应都需要分步来进行，而如果一个反应的产物恰好是另一个反应的原料，那么第一步反应的产物就不需要经历分离提纯过程，可以直接进行下一步反应，这种反应类型就是串联反应。酸碱条件作为两种对立的反应条件，可以分别作为串联反应的前后不同反应条件，来实现分步催化过程，如苯甲醛二乙基缩醛的酸碱串联反应（图1）。酸碱催化在生物体内非常普遍，许多酶催化剂的活性中心是一些氨基酸残基，这些残基既是质子供体也是质子受体，通过稳定过渡态电荷，激活亲核基团、亲电基团或稳定活性中间体来达到催化效果。

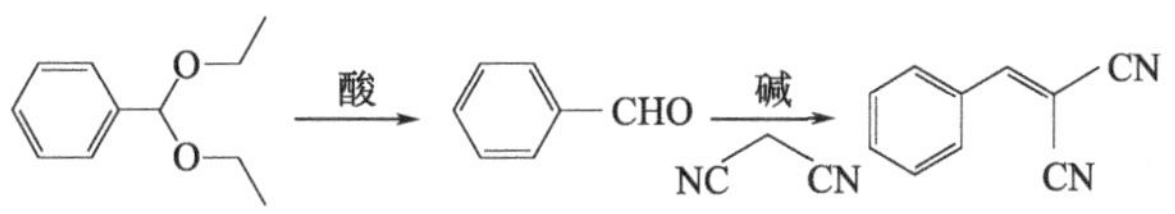

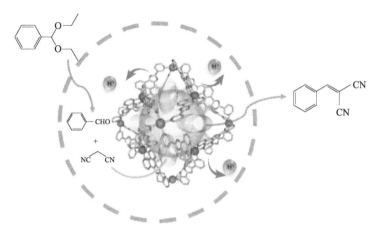

图 1　苯甲醛二乙基缩醛的酸碱串联反应方程式

2. 酸碱两性开放孔溶液中的酸碱串联反应

以具有酸碱两性的 MOC-16 开放孔溶液来催化酸碱串联反应是顺其自然的选择。首先选择缩醛作为初始反应物，在 MOC-16 自身产生的酸性溶液外环境中发生脱缩反应，生成未保护的醛；醛再进入碱性空腔，与碳负离子活性中间体发生缩合反应，从而完成整个串联反应过程。这种开放孔溶液将酸碱这组对立的反应条件统一于一体，在均相化的溶液中创造了异相化的反应空间和反应条件，使得反应可以"一锅法"进行，进一步简化了串联反应的操作过程，体现了分子笼酸碱两性仿酶催化的独特优势（图 2）。

图 2　MOC-16 酸碱两性条件下的酸碱串联催化过程示意图

【仪器试剂】

1. 仪器：Bruker AVANCE Ⅲ 型 400MHz 核磁共振谱仪（德国布鲁克公司），5mm 核磁管，天平，移液枪，搅拌器等。

2. 试剂：MOC-16 样品，苯甲醛二乙基缩醛，丙二腈，DMSO，H_2O，乙醚，$CDCl_3$ 等。

【实验步骤】

配制 MOC-16（50.0mg，0.004mmol）的溶液（0.3mL DMSO＋3.0mL H_2O），将苯甲醛二乙基缩醛（0.024mmol）和丙二腈（0.024mmol）分别加入上述溶液中。该溶液在室温下搅拌 12h 后，用乙醚萃取产物（3.0mL×3），合并有机相后旋蒸掉溶剂。产物用 $CDCl_3$ 溶解做核磁共振氢谱表征。

【注意事项】

注意事项和 Knoevenagel 缩合反应类似（实验 32）。

【思考题】

1. 该串联反应的决速步骤是哪一步？
2. 如何设计对照实验，来体现开放孔酸碱两性溶液的串联催化优势？

参考文献

[1] Li K，Wu K，Fan Y Z，et al. Acid Open-Cage Solution Containing Basic Cage-Confined Nanospaces for Multiple Catalysis [J]. National Science Review，2021，8：nwab155.

附：实验结果与标准谱图（图 S1～S2）

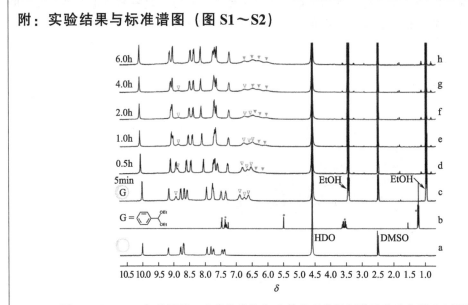

图 S1　MOC-16 与苯甲醛二乙基缩醛的主-客体核磁共振氢谱及酸碱串联反应原位跟踪

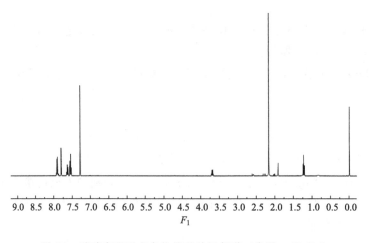

图 S2　酸碱串联反应产物核磁共振氢谱（常温，CDCl₃）

实验 34　MOC-16 限域催化：酸碱两性开放孔溶液中的 A3-偶联反应

【实验目的】

1. 了解 A3-偶联反应的机制与常规操作。
2. 理解和掌握酸碱两性开放孔溶液条件下 A3-偶联的反应过程与操作。

【实验原理】

1. A3-偶联反应

该反应为醛（Aldehyde）、炔（Alkyne）、胺（Amine）在过渡金属催化剂和碱性条件下，直接脱水缩合生成炔丙胺类分子的反应（图 1）。在催化循环中，过渡金属催化剂和碱活化炔键形成金属炔碳键，胺和醛反应生成亚胺，亚胺再与金属炔碳键通过亲核加成生成最终的偶联产物。该反应一般在有机相进行，有个别底物可以在水相反应。

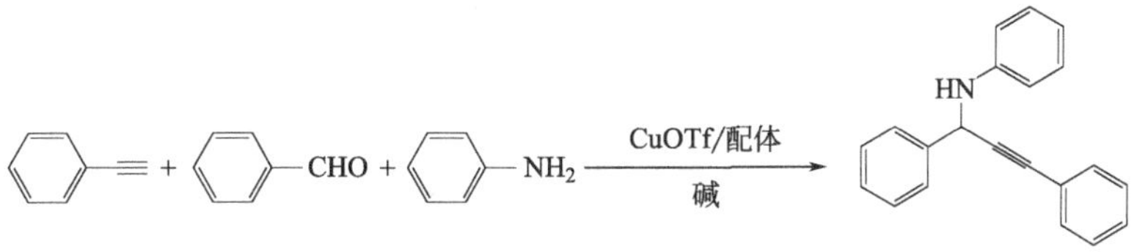

图 1　A3-偶联反应方程式

2. MOC-16 开放孔溶液条件下的 A3-偶联反应

MOC-16 通过自身质子解离创造的酸性溶液外环境有助于醛与胺反应生成亚胺中间体。而末端炔通过笼壁后修饰的一价铜作为催化活性位点以及笼内碱性空腔的活化过程形成金属炔碳键，最终通过亚胺与金属炔碳键的亲核加成得到炔丙胺类偶联产物。整个过程简洁、高效、绿色，体现了 MOC-16 完美的仿酶催化特性（图 2）。

【仪器试剂】

1. 仪器：Bruker AVANCE Ⅲ型 400MHz 核磁共振谱仪（德国布鲁克公司），5mm 核磁管，天平，移液枪，搅拌器等。

2. 试剂：MOC-16 样品，苯甲醛，苯乙炔，苯胺，CuOTf，DMSO，H_2O，乙醚，$CDCl_3$ 等。

【实验步骤】

配制 MOC-16（12.0mg，0.001mmol）的溶液（0.1mL DMSO ＋ 0.4mL H_2O），将 CuOTf（10mg，0.02mmol）加入溶液中并室温搅拌 1h，直至形成均相澄清溶液。将苯甲

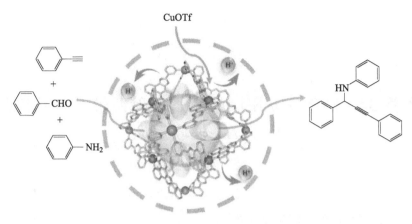

图 2　MOC-16 酸碱两性条件下的 A3-偶联反应过程示意图

醛（0.2mmol）、苯胺（0.24mmol）和苯乙炔（0.3mmol）一次性加入上述溶液中。反应液在 60℃和 N_2 气氛下搅拌 6h。反应完成后，用乙醚萃取产物三次（1.0mL×3）。合并有机相，旋蒸除掉溶剂后得到产物。用 $CDCl_3$ 溶解做核磁共振氢谱表征。

【注意事项】

1. CuOTf 盐对空气比较敏感，使用之前要检查盐的品质和纯度，保证没有被空气氧化。

2. 由于底物是过量加入的，反应过程会中出现的大量沉淀应该主要是产物析出。

【思考题】

1. 从分子尺寸角度考虑为什么反应过程中产物会逐渐析出。

2. 解释反应产物中为什么没有出现炔的自偶联产物。

参考文献

[1] Li K，Wu K，Fan Y Z，et al. Acid Open-Cage Solution Containing Basic Cage-Confined Nanospaces for Multiple Catalysis [J]. National Science Review，2021，8：nwab155.

附：实验结果与标准谱图（图 S1）

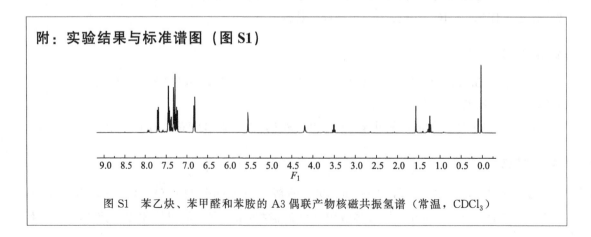

图 S1　苯乙炔、苯甲醛和苯胺的 A3 偶联产物核磁共振氢谱（常温，$CDCl_3$）

第 5 章 有机金属笼（MOC-42）的合成与性能实验

实验 35 MOC-42 的合成及手性拆分

【实验目的】

1. 了解动力学拆分的原理。
2. 掌握 MOC-42 的合成过程及其在手性拆分中的应用。

【实验原理】

不同于具有动力学惰性金属中心的配合物如 $Ru(phen)_3^{2+}$，Fe^{2+} 的配位能力比较强，只需要在常温常压下就能与邻菲罗啉的有机配体发生配位作用，得到金属配体 FeL_3。

然而，第一周期过渡金属元素配合物的立体化学稳定性往往很差，在没有额外的手性因素时会快速消旋，从而限制其应用。通过将手性 Fe 中心整合在一个固定结构，比如超分子有机金属笼里，可以稳定其立体构型，得到均一手性的分子笼。

本实验中，利用手性的 BINOL 作为诱导剂，通过原位组装的方法得到原始反应液，继而通过两种方法得到手性 MOC-42 分子笼。方法一：缓慢结晶。利用溶剂扩散法，先把上述原初反应溶液过滤，转移至若干 1mL 玻璃管，置于乙醚气氛，然后通过不良溶剂乙醚的缓慢扩散，降低笼子在溶液中的溶解性，使得笼子和诱导剂缓慢析出，从而得到热力学稳定的 R-BINOL@Λ-MOC-42 晶体。方法二：快速沉淀。直接在原始反应液中加入大量不良溶剂乙醚，得到动力学优势的 R-BINOL@Δ-MOC-42 的沉淀（图 1）。

【仪器试剂】

1. 仪器：50mL 圆底烧瓶，100mL 烧杯等。
2. 试剂：2-(3-吡啶)-1H-咪唑 [4, 5-f] [1, 10] 菲罗啉，$Fe(BF_4)_2 \cdot 6H_2O$，$Pd(CH_3CN)_4(BF_4)_2$，DMSO，乙酸乙酯，DMSO-d_6，D_2O，S-BINOL，R-BINOL 等。

【实验步骤】

1. 金属配体 FeL_3 的合成

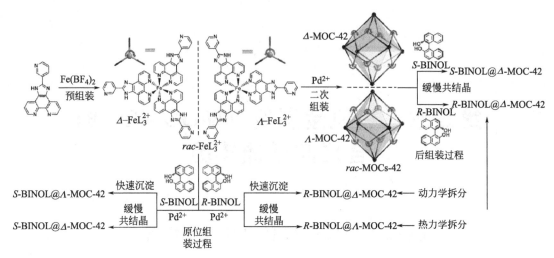

图 1 均一手性分子笼 MOC-42 的合成

称取 $Fe(BF_4)_2 \cdot 6H_2O$ 10.1mg（0.03mmol），2-（3-吡啶）-1H-咪唑 [4，5-f] [1，10] 菲罗啉 26.7mg（0.09mmol），倒入 50mL 的圆底烧瓶中，加入 10mL 的 DMSO，常温下搅拌 1h。反应结束后，加入约 100mL 的乙酸乙酯，产生大量红色沉淀，经离心、洗涤和干燥后，得到深红色粉末状 FeL_3 金属配体。

2. rac-MOC-42 的合成

向 50mL 圆底烧瓶中先后加入 FeL_3 配体（22.4mg，0.02mmol）和 Pd（CH_3CN）$_4$（BF_4）$_2$（6.7mg，0.015mmol），加入 8mL DMSO，混合物于 80℃下搅拌 5h 或者在常温下搅拌 22h。反应结束后，向体系中加入 30mL 乙酸乙酯，得到大量鲜红色沉淀，经离心、洗涤和干燥后，得到鲜红色粉末状 rac-MOC-42 固体。

3. 手性 Δ/Λ-MOC-42 的合成

将 FeL_3 配体（11.2mg，0.01mmol）和 R-BINOL（25.8mg，0.09mmol）加入 5mL 圆底烧瓶，混合后加入 1mL 乙腈并超声使其溶解。然后边搅拌边加入 0.2mL Pd（CH_3CN）$_4$（BF_4）$_2$（3.3mg，0.0075mmol）的乙腈溶液。混合物于 80℃下搅拌 22h 后冷却，得原初反应溶液。

① 得到 Λ-MOC-42：缓慢结晶。将上述原初反应溶液过滤并转移至若干 1mL 玻璃管，置于乙醚气氛中，2 周后可得鲜红色粉末状固体 Λ-MOC-42。

② 得到 Δ-MOC-42：快速沉淀。向上述原初反应溶液中加入 10mL 乙醚，立即有大量鲜红色沉淀析出。将沉淀离心并用乙醚洗涤干燥，得鲜红色粉末状固体 Δ-MOC-42。

【数据处理】

1. 产物烘干后称量产量，计算产率。

2. 用核磁共振氢谱测试产品的纯度。

3. 用 CD 验证笼的手性。

【注意事项】

　　乙醚挥发性较强，且有一定毒性，要在通风橱内使用，且不能剧烈摇晃，防止喷溅。

【思考题】

　　1. 为什么缓慢结晶和快速沉淀得到的 MOC-42 手性相反？

　　2. 查阅文献，简述 FeL_3 可能的消旋机理。

附：实验结果与标准谱图（图 S1～S3）

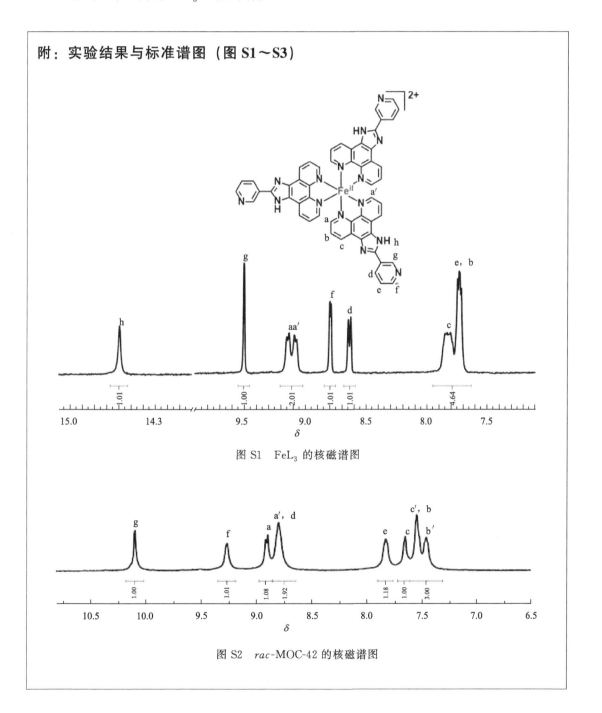

图 S1　FeL_3 的核磁谱图

图 S2　rac-MOC-42 的核磁谱图

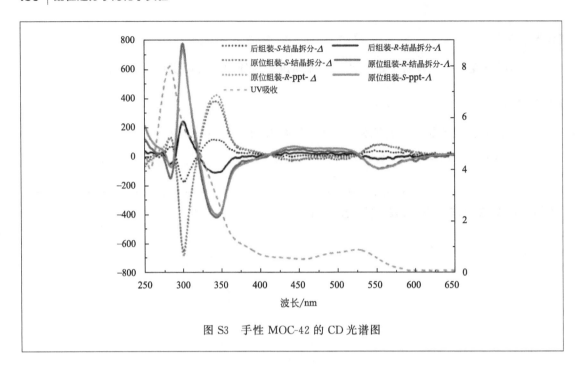

图 S3　手性 MOC-42 的 CD 光谱图

实验 36　MOC-42 的分解动力学

【实验目的】

1. 了解利用紫外-可见吸收光谱，测试和分析金属有机分子笼分解动力学的方法。

2. 利用过渡态理论、Arrhenius 公式等物理化学理论知识，探究金属配体和分子笼的 Fe(Ⅱ) 中心分解动力学的区别。

【实验原理】

Fe(Ⅱ) 配合物的解离可以认为是准一级反应。在不同温度下，通过紫外-可见吸收光谱，监测 Fe(Ⅱ) 中心在 520nm 处吸光度随时间的变化，根据阿伦尼乌斯公式以及准一级反应速率常数公式，可以求得分解反应的活化能。

$$\ln A = \ln A_0 - kt \tag{1}$$

$$\ln k = \ln A - E_a/(RT) \tag{2}$$

其中，A_0 和 A 分别为反应物起始和任意时刻的吸光度；k 为伪一级反应速率常数；E_a 为反应的表观活化能，在较小的温度范围内可视为常数；A 为指前因子，根据碰撞理论，其含义为反应物有效碰撞的频率；R 为气态常数；T 为温度，K。将某温度下所得吸光度 A 随时间 t 的变化以式（1）作图，可得一条直线，其斜率即为分解速率常数 k_D。然后将不同温度下得到的 k_D 以式（2）作图，也可得一条直线，通过其斜率可计算得到分解反应活化能 E_a。

根据过渡态理论，k 与反应的活化焓 $\Delta^{\neq} H_{\mathrm{m}}^{\theta}$ 和活化熵 $\Delta^{\neq} S_{\mathrm{m}}^{\theta}$ 有关：

$$k = \frac{k_{\mathrm{B}}T}{h}\exp\left[\Delta^{\neq} S_{\mathrm{m}}^{\theta}/R - \Delta^{\neq} H_{\mathrm{m}}^{\theta}/(RT)\right] \tag{3}$$

式（3）即为 Eyring-Polanyi 方程，其中 k_{B} 为玻尔兹曼常数，h 为普朗克常数。该方程又可以写作以下形式：

$$\ln \frac{k}{T} = \ln \frac{k_{\mathrm{B}}}{h} + \Delta^{\neq} S_{\mathrm{m}}^{\theta}/R - \Delta^{\neq} H_{\mathrm{m}}^{\theta}/(RT) \tag{4}$$

根据式（4），$\Delta^{\neq} H_{\mathrm{m}}^{\theta}$ 和 $\Delta^{\neq} S_{\mathrm{m}}^{\theta}$ 可分别由 $\ln \frac{k}{T}$ 对 $1/T$ 作图所得直线的斜率和截距计算得到。而反应的吉布斯自由能 $\Delta^{\neq} G_{\mathrm{m}}^{\theta}$ 可由式（5）计算得到：

$$\Delta^{\neq} G_{\mathrm{m}}^{\theta} = \Delta^{\neq} H_{\mathrm{m}}^{\theta} - T\Delta^{\neq} S_{\mathrm{m}}^{\theta} \tag{5}$$

【仪器试剂】

1. 仪器：Shimadzu UV 3600 型紫外-可见分光光度计（日本岛津公司），比色皿等。
2. 试剂：MOC-42，FeL_3，1mol/L 的硫酸/乙腈溶液，乙腈等。

【实验步骤】

1. 分别配制 0.04mmol/L 的金属配体 FeL_3 和 0.005mmol/L 的 MOC-42 的乙腈溶液。
2. 分别取上述溶液 2mL，并向其中加入 1mol/L 的硫酸/乙腈溶液 2mL，使硫酸浓度为 0.5mol/L。
3. 使用紫外-可见分光光度计对样品在 21℃ 下进行原位测试。间隔 10min 进行一次谱图采集。
4. 重复上述操作，分别记录样品在 25℃、30℃ 和 35℃ 下的变化。

【数据处理】

1. 选取吸收光谱在 520nm 处 Fe（Ⅱ）的 ^{1}MLCT 特征吸收带，记录其随时间的变化。将吸光度的对数值，对时间 t 作图并进行线性拟合，通过拟合直线得到的斜率，即为该条件下的解离速率常数 k。
2. 进一步将不同温度下的解离速率常数的对数 $\ln k$，对温度的倒数 $1/T$ 作图并进行线性拟合，并依据公式（2）计算得到 Fe（Ⅱ）中心的分解活化能。
3. 用不同温度下分解速率常数和温度比值的对数 $\ln (k_{\mathrm{D}}/T)$，对温度的倒数 $1/T$ 作图并进行线性拟合，所得直线的斜率和截距通过公式（4）可计算得到反应的活化焓 $\Delta^{\neq} H_{\mathrm{m}}^{\theta}$ 和活化熵 $\Delta^{\neq} S_{\mathrm{m}}^{\theta}$。
4. 通过以上热力学数据，可以计算出分解反应的吉布斯自由能 $\Delta^{\neq} G_{\mathrm{m}}^{\theta}$。

【注意事项】

1. 进行紫外-可见吸收光谱实验前，比色皿需清洗至无色透明。
2. 加入硫酸后需立即开始记录时间。

【思考题】

    1. MOC-42 与其金属配体的分解动力学有何差异，为什么？

    2. MOC-42 中 Fe（Ⅱ）中心的分解过程主要由动力学控制还是热力学过程控制？

    3. 查阅文献，了解有机金属分子笼结构与稳定性的关系。

参考文献

[1] 潘梅，李超捷，侯雅君，等 . Fe（Ⅱ）-Pd（Ⅱ）异金属有机分子笼的制备及其物化性能研究——推荐一个新颖的综合化学实验 [J]. 大学化学，2020，36：2006045.

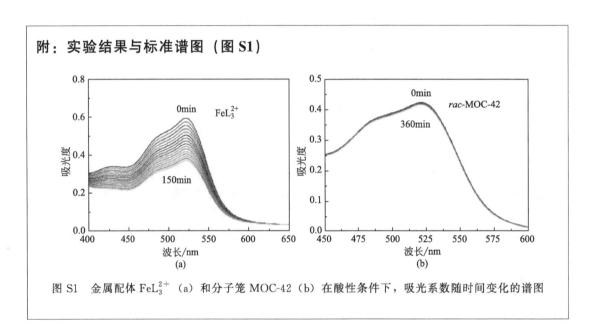

附：实验结果与标准谱图（图 S1）

图 S1   金属配体 FeL_3^{2+}（a）和分子笼 MOC-42（b）在酸性条件下，吸光系数随时间变化的谱图

实验 37   MOC-42 的手性和酸碱动力学

【实验目的】

    1. 掌握测定分子笼手性动力学的原理和方法。

    2. 了解测定分子笼酸碱动力学的原理和方法。

【实验原理】

    1. 分子笼的手性稳定性增强原理

由于 Fe^{2+} 与邻菲罗啉的配位是一种活性的配位模式，在溶液中翻转的能垒很低，导致手性的 Fe（phen）$_3$（PF$_6$）$_2$ 在室温下几分钟就会消旋，变成外消旋的 Fe（phen）$_3$（PF$_6$）$_2$。当手性的 Fe（phen）$_3$（PF$_6$）$_2$ 与 Pd^{2+} 配位成笼之后，提高了 Fe（phen）$_3$（PF$_6$）$_2$ 的稳定性，使得 Fe（phen）$_3$（PF$_6$）$_2$ 翻转的能垒变高。手性的 MOC-42 在溶液条件下，手性的强度可以保持 7 天不减弱。

2. 手性动力学的研究方法

圆二色光谱是用于推断非对称分子的构型和构象的一种光谱手段。光学活性物质对组成平面偏振光的左旋和右旋圆偏振光的吸收系数（ε）是不相等的，$\varepsilon L \neq \varepsilon R$，即具有圆二色性。如果以不同波长的平面偏振光的波长 λ 为横坐标，以吸收系数之差 $\Delta\varepsilon = \varepsilon L - \varepsilon R$ 为纵坐标作图，得到的图谱即是圆二色光谱，简称 CD。由于 $\Delta\varepsilon$ 有正值和负值之分，所以圆二色光谱也有呈峰的正性圆二色光谱，和呈谷的负性圆二色光谱（即科顿效应）。

在乙腈溶液中，手性 [Fe(phen)$_3$]（PF$_6$）$_2$ 和手性 MOC-42 分子笼均产生特征的 CD 光谱。通过监测两者在不同温度下的 CD 光谱中，来自 Fe（Ⅱ）中心手性的第一科顿峰在 550nm 处强度随时间的变化，可以得到外消旋动力学参数。

3. 酸碱动力学的研究方法

由于笼和配体在乙腈中的核磁信号不同，因此可以利用氘代的浓硫酸调节 pH，分别测定相同浓度的笼在不同 H 离子浓度中的核磁共振谱图，计算笼分解的比例，从而得到笼在不同酸性条件下的分解速率。

【仪器试剂】

1. 仪器：圆二色光谱，比色皿，核磁管等。
2. 试剂：Fe（phen）$_3$（PF$_6$）$_2$，Λ-MOC-42，乙腈，氘代试剂等。

【实验步骤】

1. 手性动力学测定：分别配制浓度为 2.0×10^{-6} mol/L 的 Λ-[Fe（phen）$_3$]（PF$_6$）$_2$ 和 Λ-MOC-42 的乙腈溶液，分别测定其在 0、30 以及 60min 时的 CD 信号。

2. 酸碱性动力学测定：配制一系列浓度均为 0.1mmol/L 但 D$_2$SO$_4$ 含量不同的 *rac*-MOC-42 的 CD$_3$CN-D$_2$O（1/4，*v/v*）溶液，其中 D$^+$ 的浓度分别为 0、2、4、6、8 和 10mol/L。分别进行 ^{1}H NMR 测试，常温放置 6 天后再进行一次 ^{1}H NMR 测试，对比两次测试的核磁结果。

【数据处理】

1. 以 550nm 处 CD 信号的强弱对时间作图，比较金属配体和笼的手性动力学。
2. 利用核磁积分计算不同酸性下笼消解的速率。

【注意事项】

使用浓硫酸时注意安全。

【思考题】

1. 为什么 MOC-42 比 Fe（phen）$_3$（PF$_6$）$_2$ 具有更强的手性和酸碱稳定性？

2. 为什么酸性条件下笼会发生消旋？

3. 为什么选用硫酸进行酸化？是否可以用盐酸或者硝酸代替？

参考文献

[1] 侯雅君. Pd$_6$M$_8$（M＝Fe，Ru，Os）型双/三金属分子笼的组装与性质研究 [D]. 广州：中山大学，2019.

附：实验结果与标准谱图（图 S1～S2）

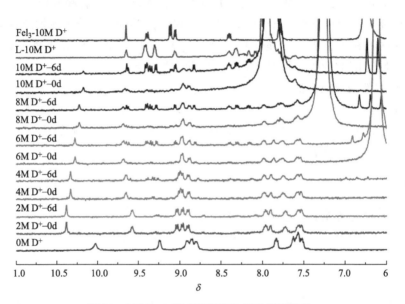

图 S1　MOC-42 的酸碱稳定性核磁测试结果

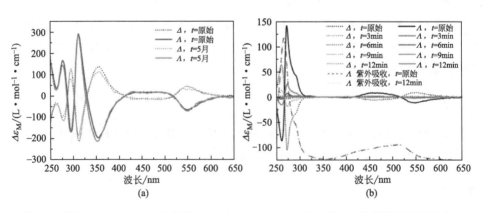

图 S2　手性 MOC-42（a）和手性 Fe（phen）$_3$（PF$_6$）$_2$（b）的 CD 信号随时间的变化

实验 38　MOC-42 的循环伏安测试

【实验目的】

1. 了解循环伏安法的原理及作用。

2. 掌握 Fe 配体和分子笼的循环伏安测试方法。

【实验原理】

循环伏安法是一种很有用的电化学研究方法，可用于电极反应的性质、机理和电极过程动力学参数的研究。也可用于定量确定反应物浓度，电极表面吸附物的覆盖度，电极活性面积以及电极反应速率常数，交换电流密度，反应的传递系数等动力学参数。

（1）电极可逆性的判断。循环伏安法中电压的扫描过程包括阴极与阳极两个方向，因此从所得的循环伏安法图的氧化波和还原波的峰高和对称性中可判断电活性物质在电极表面反应的可逆程度。若反应可逆，则曲线上下对称，若反应不可逆，则曲线上下不对称。

（2）电极反应机理的判断。循环伏安法还可研究电极吸附现象、电化学反应产物、电化学-化学耦联反应等，对于有机物、金属有机化合物及生物物质的氧化还原机理研究很有用。

【仪器试剂】

1. 仪器：电化学工作站，标准电极，工作电极，参比电极等。

2. 试剂：FeL_3，MOC-42，乙腈等。

【实验步骤】

1. 打磨电极，直到电极表面洁净无杂质。

2. 以正四丁基六氟磷酸铵（0.1mol/L）为支持电解质，分别配制 1.0mmol/L 和 0.1mmol/L 的 FeL_3^{2+} 和 MOC-42 的乙腈（超干溶剂）溶液。

3. 用二茂铁作为标准物质，全程使溶液在 Ar 气氛中，用三电极系统做 CV 测试。扫描速度 100mV/s，可得二茂铁的 CV 曲线。

4. 同样的条件下，分别测试 FeL_3^{2+} 和 MOC-42 的 CV 曲线。

【数据处理】

1. 利用 Origin 作图，计算在实验条件下二茂铁的电极电位。

2. 利用 Origin 作图，计算在实验条件下 FeL_3^{2+} 和 MOC-42 的电极电位。

3. 用 FeL_3^{2+} 和 MOC-42 的电极电位减去二茂铁的电极电位，得到 FeL_3^{2+} 和 MOC-42 相对于二茂铁的电极电位。

4. 查阅资料，找到二茂铁的标氢电位，然后通过换算得到 FeL_3^{2+} 和 MOC-42 的标氢电位。

5. 通过比较 FeL_3^{2+} 和 MOC-42 的 CV 上氧化峰和还原峰的差值，分析 FeL_3^{2+} 和 MOC-42 电极的可逆性。

【注意事项】

循环伏安法的准确性很大程度上取决于打磨电极的效果，打磨电极时要垂直发力，力量太小会导致打磨电极效果不好，发力不垂直会导致电极表面不平整，甚至导致电极折断。

【思考题】

1. 为什么 FeL_3^{2+} 和 MOC-42 的标氢电位比 Fe^{2+}/Fe^{3+} 高很多？

2. 简述三个不同的电极分别起到什么作用。

3. 为什么选用二茂铁进行校准？

参考文献

[1] 侯雅君. Pd_6M_8（M＝Fe，Ru，Os）型双/三金属分子笼的组装与性质研究 [D]. 广州：中山大学，2019.

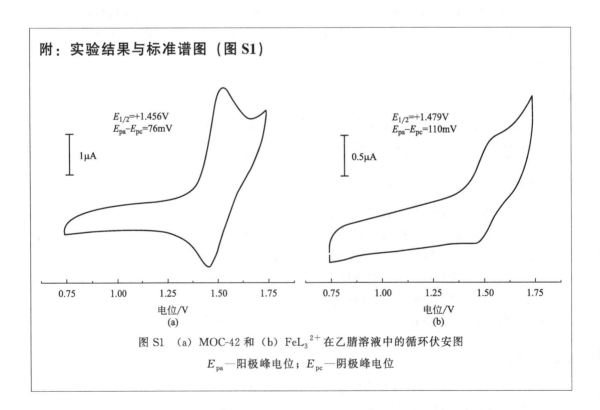

附：实验结果与标准谱图（图 S1）

$E_{1/2}$=+1.456V
$E_{pa}-E_{pc}$=76mV

1μA

$E_{1/2}$=+1.479V
$E_{pa}-E_{pc}$=110mV

0.5μA

图 S1 （a）MOC-42 和（b）FeL_3^{2+} 在乙腈溶液中的循环伏安图

E_{pa}—阳极峰电位；E_{pc}—阴极峰电位

实验 39　手性 MOC-42 用于 BINOL 连续拆分

【实验目的】

1. 掌握 MOC 对于外消旋化合物手性拆分的原理。
2. 了解手性的概念，以及手性是如何产生的。

【实验原理】

通过手性的 MOC-42 与手性 BINOL 的主-客体的实验可以发现，同种手性的 MOC-42 对于不同手性的 BINOL 的识别效果不同，结合的速率以及稳定性也有所不同。

通过实验以及理论分析发现，Λ-MOC-42 与 R-BINOL 结合的热力学稳定性更强，属于热力学拆分的产物，而 Λ-MOC-42 与 S-BINOL 结合的速率更快，属于动力学拆分的产物。因此通过不同的拆分方法，利用 Λ-MOC-42，就可以得到两种不同手性的 BINOL。本实验中将通过液-液拆分，得到动力学拆分的产物。

【仪器试剂】

1. 仪器：搅拌器，旋转蒸发仪等。
2. 试剂：*rac*-BINOL，Λ-MOC-42，乙腈，乙醚，超纯水，氯仿等。

【实验步骤】

1. 在 5mL 的圆底烧瓶中加入 10mg 的 Λ-MOC-42，加入 1mL 的乙腈，1mL 的水，80℃加热溶解。然后旋蒸，除去溶液中的乙腈，得到 Λ-MOC-42 的水溶液。

2. 称取 30mg 的 *rac*-BINOL，加入 1mL 的乙醚溶解，滴加到 Λ-MOC-42 的水溶液中，剧烈搅拌 1h。

3. 离心，弃去有机层，水层用 3mL 的氯仿分 3 次萃取，合并有机层，旋蒸，得到分离之后的 BINOL。

4. 用分离得到的 BINOL 重复 1～3 步的操作 3 次，得到最终的产物。

【数据处理】

用 HPLC 对产物进行分析。最终的 *ee* 值约为 86%。

【注意事项】

使用乙醚、氯仿时注意安全。

【思考题】

1. 简述什么是热力学产物，什么是动力学产物。
2. 尝试设计一种可以得到热力学产物的分析方法。

参考文献

[1] 侯雅君.Pd_6M_8（M＝Fe，Ru，Os）型双/三金属分子笼的组装与性质研究［D］. 广州：中山大学，2019.

附　　录

核磁数据

1. [Ru(phen)$_3$]Cl$_2$　^{1}H NMR(400MHz, DMSO-d_6)：δ8.78(dd, $J=8.2$, 1.1Hz, 6H), 8.39(s, 6H), 8.08(dd, $J=5.2$, 1.1Hz, 6H), 7.77(dd, $J=8.2$, 5.3Hz, 6H).

2. Δ-[Ru(Phen)$_3$](PF$_6$)$_2$　^{1}H NMR(400MHz, DMSO-d_6,)：δ8.77(dd, $J=8.3$, 1.1Hz, 6H), 8.38(s, 6H), 8.08(dd, $J=5.2$, 1.1Hz, 6H), 7.76(dd, $J=8.2$, 5.3Hz, 6H).

3. Λ-[Ru(phen)$_3$](PF$_6$)$_2$　^{1}H NMR(400MHz, DMSO-d_6,)：δ8.77(dd, $J=8.3$, 1.2Hz, 6H), 8.38(s, 6H), 8.08(dd, $J=5.2$, 1.1Hz, 6H), 7.76(dd, $J=8.2$, 5.3Hz, 6H).

4. Δ-Ru[(Phendione)$_3$](Δ-2-ClO$_4$)　^{1}H NMR(400MHz, DMSO-d_6,)：δ8.61(d, $J=7.0$Hz, 6H), 7.97(d, $J=4.7$Hz, 6H), 7.82(dd, $J=7.9$, 5.7Hz, 6H).

5. Λ-Ru[(Phendione)$_3$](Λ-2-ClO$_4$)：　^{1}H NMR(400MHz, DMSO-d_6,)：δ8.60(dt, $J=6.2$, 3.1Hz, 6H), 7.97(dd, $J=5.6$, 1.0Hz, 6H), 7.82(dd, $J=7.9$, 5.7Hz, 6H).

6. 配体 L　^{1}H NMR(400MHz, DMSO-d_6,)：δ9.44(s, 1H), 9.03(d, $J=3.7$Hz, 2H), 8.88(d, $J=8.0$Hz, 2H), 8.70(d, $J=4.4$Hz, 1H), 8.57(d, $J=7.9$Hz, 1H), 7.82(dd, $J=8.0$, 4.3Hz, 2H), 7.64(dd, $J=7.7$, 4.9Hz, 1H).

7. RuL$_3$　^{1}H NMR(400MHz, DMSO-d_6,)：δ9.50(s, 1H), 9.09(dd, $J=19.6$, 8.1Hz, 2H), 8.79(d, $J=3.8$Hz, 1H), 8.64(d, $J=7.9$Hz, 1H), 8.10(m, 2H), 7.85(d, $J=21.7$Hz, 2H), 7.77~7.67(m, 1H).

8. Δ-[RuL$_3$](BF$_4$)$_2$(Δ-3-BF$_4$)　^{1}H NMR(400MHz, DMSO-d_6,)：δ9.53(s, 3H), 8.97(d, $J=8.0$Hz, 6H), 8.64(d, $J=7.9$Hz, 3H), 8.58(br, 3H), 7.88(m, 6H), 7.69(br, 6H), 7.53(br, 3H).

9. Λ-[RuL$_3$](BF$_4$)$_2$(Λ-3-BF$_4$)　^{1}H NMR(400MHz, DMSO-d_6,)：δ9.52(s, 3H), 8.96(d, $J=7.8$Hz, 6H), 8.64(d, $J=7.2$Hz, 3H), 8.57(br, 3H), 7.88(br, 6H), 7.68(br, 6H), 7.52(br, 3H).

10. MOC-16　^{1}H NMR(400MHz, DMSO-d_6：D$_2$O=1：5 v/v, 298K)：δ10.00(s, 24H), 9.18(d, 24H), 8.78(d, $J=7.8$Hz, 24H), 8.69(d, $J=7.8$Hz, 48H), 7.93(d, 24H), 7.82(d, 24H), 7.74(d, 24H), 7.47(d, 24H), 7.39(d, 24H). ^{13}C NMR (101MHz, DMSO-d_6：D$_2$O=1：3 v/v, 298K)：δ152.43(s), 151.56(s), 150.46(s), 148.27(s), 147.25(s), 147.15(s), 139.16(s), 134.61(s), 134.47(s), 131.81(s),

131.38(s)，129.64(s)，128.73(s)，127.16(s)，126.64(s)，124.87(s)，123.55(s).

11. Δ-MOC-16 ^{1}H NMR(400MHz, DMSO-d_6：D$_2$O=1：5 v/v，298K)：δ10.10(s，24H)，9.28(s，24H)，8.88(d，$J=7.9$Hz，24H)，8.79(d，$J=7.6$Hz，48H)，7.98(d，$J=44.2$Hz，48H)，7.84(s，24H)，7.53(d，$J=30.3$Hz，48H).

12. Λ-MOC-16 ^{1}H NMR(400MHz，DMSO-d_6：D$_2$O=1：5 v/v，298K)：δ10.13(s，24H)，9.29(d，$J=5.2$Hz，24H)，8.90(d，$J=7.9$Hz，24H)，8.80(d，$J=7.8$Hz，48H)，7.99(d，$J=58.7$Hz，48H)，7.85(s，24H)，7.62~7.45(m，48H).

13. 苊烯[2+2]环加成 syn-产物 ^{1}H NMR(400MHz，CDCl$_3$)：δ4.81(s，4H)，6.98－6.99(d，4H)，7.10~7.24(m，8H).

14. 苊烯[2+2]环加成 $anti$-产物 ^{1}H NMR(400MHz，CDCl$_3$)：δ4.07(s，4H)，7.49~7.51(d，4H)，7.56-7.60(m，4H)，7.71~7.73(d，4H).

15. 苊烯 ^{1}H NMR(500MHz；CDCl$_3$)：δ(ppm)7.71(2H，dd，$J=8.1$Hz)，7.59(2H，dd，$J=7.1$Hz)，7.44(2H，dd，$J=8.7$Hz)，7.01(2H，s).

16. 1-溴代苊烯 ^{1}H NMR(300MHz，CDCl$_3$)δ7.87(d，$J=8.1$Hz，1H)，7.79(d，$J=8.1$Hz，1H)，7.70(d，$J=6.6$Hz，1H)，7.62(d，$J=6.9$Hz，1H)，7.61(dd，$J=8.1$ and 6.9Hz，1H)，7.51(dd，$J=8.1$ and 6.6Hz，1H)，7.16(s，1H).

17. 1-溴代苊烯[2+2]环加成产物($anti$-HH 构型) ^{1}H NMR(400MHz，CDCl$_3$)δ8.02(d，$J=7.1$Hz，2H)，7.92(d，$J=8.1$Hz，2H)，7.88-7.76(m，4H)，7.63(dd，$J=8.2$，6.9Hz，2H)，7.46(d，$J=6.8$Hz，2H)，4.09(s，2H).13C NMR(100MHz，CDCl$_3$)δ145.60，142.31，136.67，131.68，128.33，125.98，125.90，124.32，119.36，70.33，62.77.

18. FeL$_3^{2+}$ ^{1}H NMR(400MHz，DMSO-d_6，298K)：14.58(s，3H)，9.50(s，3H)，9.14(d，$J=7.7$Hz，3H)，9.07(d，$J=9.2$Hz，3H)，8.79(d，$J=4.4$Hz，3H)，8.63(d，$J=8.3$Hz，3H)，7.82(d，$J=19.6$Hz，6H)，7.77~7.67(m，9H).

19. rac-MOC-42 ^{1}H NMR(400MHz，DMSO-d_6/D$_2$O，1/5，v/v，298K)：10.01(s，24H)，9.17(s，24H)，8.82(d，$J=8.4$Hz，24H)，8.71(m，24H)，7.74(m，24H)，7.56(s，24H)，7.46(m，48H)，7.37(m，72H).

质谱数据

1. [Ru(phen)$_3$]Cl$_2$ ESI$^+$-MS：m/z calcd. for C$_{36}$H$_{24}$N$_6$Ru[Ru(Phen)$_3$]$^{2+}$ 321.0552，found 321.0944.

2. Δ-[Ru(Phen)$_3$](PF$_6$)$_2$ ESI$^+$-MS：m/z calcd for C$_{36}$H$_{24}$N$_6$Ru[Ru(Phen)$_3$]$^{2+}$ 321.0552，found 321.0534；m/z calcd for C$_{36}$H$_{24}$N$_6$PF$_6$Ru[Ru(Phen)$_3$(PF$_6$)]$^+$ 787.0752，found 787.0717.

3. Λ-[Ru(phen)$_3$](PF$_6$)$_2$ ESI$^+$-MS：m/z calcd for C$_{36}$H$_{24}$N$_6$Ru[Ru(Phen)$_3$]$^{2+}$ 321.0552，found 321.0547；m/z calcd for C$_{36}$H$_{24}$N$_6$PF$_6$Ru[Ru(Phen)$_3$(PF$_6$)]$^+$ 787.0752，found 787.0724.

4. Δ-Ru[(Phendione)$_3$](Δ-2-ClO$_4$) ESI$^+$-MS：m/z calcd for C$_{36}$H$_{18}$N$_6$O$_6$Ru[Δ-Ru(Phendione)$_3$]$^{2+}$ 366.0165，found 366.0177；m/z calcd for C$_{36}$H$_{18}$N$_6$O$_6$RuClO$_4$[Δ-Ru

(Phendione)$_3$＋ClO$_4^-$]$^+$ 830. 9817，found 830. 9832.

5. Λ-Ru[(Phendione)$_3$](Λ-2-ClO$_4$) ESI$^+$-MS：m/z calcd for C$_{36}$H$_{18}$N$_6$O$_6$Ru [Λ-Ru (Phendione)$_3$]$^{2+}$ 366. 0165，found 366. 0174；m/z calcd for C$_{36}$H$_{18}$N$_6$O$_6$RuClO$_4$ [Λ-Ru (Phendione)$_3$＋ClO$_4^-$]＋ 830. 9817，found 830. 9839.

6. Δ-[RuL$_3$]（BF$_4$）$_2$（Δ-3-BF$_4$） ESI$^+$-MS：m/z calcd for C$_{54}$H$_{33}$N$_{15}$Ru \{[Ru (L)$_3$]$^{2+}$\} 496. 6045，found 496. 6032；m/z calcd for C$_{54}$H$_{32}$N$_{15}$Ru \{[Δ-Ru(L)$_3$-H$^+$]$^+$\} 992. 2017，found 992. 1977；m/z calcd for C$_{54}$H$_{33}$N$_{15}$PF$_6$Ru \{[Δ-Ru (L)$_3$ ＋ PF6]$^+$\} 1138. 1737，found 1138. 1669.

7. Λ-[RuL$_3$]（BF$_4$）$_2$（Λ-3-BF$_4$） ESI$^+$-MS：m/z calcd for C$_{54}$H$_{33}$N$_{15}$Ru \{[Λ-Ru (L)$_3$]$^{2+}$\} 496. 6045，found 496. 6040；m/z calcd for C$_{54}$H$_{32}$N$_{15}$Ru \{[Λ-Ru(L)$_3$-H$^+$]$^+$\} 992. 2017，found 992. 2002.

8. Δ-MOC-16：ESI$^+$-MS m/z calcd for C$_{432}$H$_{246}$N$_{120}$Pd$_6$Ru$_8$ \{[(Δ-MOC-16)-18H$^+$]$^{10+}$ 856. 4969，found 856. 4943；m/z calcd for C$_{432}$H$_{247}$N$_{120}$PF$_6$Pd$_6$Ru$_8$ \{[(Δ-MOC-16)-17H$^+$＋PF$_6^-$]$^{10+}$ 871. 0941，found 871. 0949；m/z calcd for C$_{432}$H$_{245}$N$_{120}$Pd$_6$Ru$_8$ \{[(Δ-MOC-16)-19H$^+$]$^{9+}$ 951. 5513，found 951. 5538；m/z calcd for C$_{432}$H$_{246}$N$_{120}$PF$_6$Pd$_6$Ru$_8$ \{[(Δ-MOC-16)-18H$^+$＋PF$_6^-$]$^{9+}$ 967. 7704，found 967. 7673.

9. Λ-MOC-16 ESI$^+$-MS m/z calcd for C$_{432}$H$_{245}$N$_{120}$Pd$_6$Ru$_8$ \{[(Λ-MOC-16)-19H$^+$]$^{9+}$ 951. 5513，found 951. 5542；m/z calcd for C$_{432}$H$_{244}$N$_{120}$Pd$_6$Ru$_8$ \{[(Λ-MOC-16)-20H$^+$]$^{8+}$ 1070. 3693，found 1070. 3677；m/z calcd for C$_{432}$H$_{243}$N$_{120}$Pd$_6$Ru$_8$ \{[(Λ-MOC-16)-21H$^+$]$^{7+}$ 1223. 1353，found 1223. 1334.

10. FeL$_3^{2+}$ HR ESI-TOF-MS：m/z calcd for [C$_{54}$H$_{33}$N$_{15}$Fe]$^{2+}$ 473. 6192，found 473. 6189.

11. rac-MOC-42 HR ESI-TOF-MS：m/z calcd for [C$_{432}$H$_{264}$N$_{120}$B$_{19}$F$_{76}$Pd$_6$Fe$_8$]$^{9+}$ \{[Pd$_6$ （FeL$_3$ ）$_8$]$^{28+}$ ＋ 19BF$_4^-$\} 1096. 6022，found 1096. 5987；for [C$_{432}$H$_{264}$N$_{120}$B$_{18}$F$_{72}$Pd$_6$Fe$_8$]$^{10+}$ \{Pd$_6$(FeL$_3$)$_8$\}$^{28+}$ ＋ 18BF$_4^-$\} 978. 2416，found 978. 2382；for [C$_{432}$H$_{264}$N$_{120}$B$_{17}$F$_{68}$Pd$_6$Fe$_8$]$^{11+}$ \{[Pd$_6$ （FeL$_3$)$_8$]$^{28+}$ ＋ 17BF$_4^-$\} 881. 4003，found 881. 3992.

旋光度

1. Δ-[Ru(Phen)$_3$]（PF$_6$）$_2$：$[\alpha]_D^{30}$＝－1138°，c＝1. 0，MeCN

2. Λ-[Ru(phen)$_3$]（PF$_6$）$_2$：$[\alpha]_D^{30}$＝1136°，c＝1. 0，MeCN

3. Δ-MOC-16：$[\alpha]_D^{30}$＝－266°，c＝0. 5，H$_2$O.

4. Λ-MOC-16：$[\alpha]_D^{30}$＝272°，c＝0. 5，H$_2$O.

5. Δ-MOC-42：$[\alpha]_D^{25}$＝1316. 6°，c＝0. 04，MeCN.

6. Λ-MOC-42：$[\alpha]_D^{25}$＝－1281. 5°，c＝0. 04，MeCN.

紫外-可见吸收光谱数据

MOC-16 吸收峰为 290nm 及 460nm（1. 0×10^{-5} mol/L DMSO 溶液）。

光致发光光谱数据

MOC-16　峰值为约 610nm 处（DMSO 溶液，激发波长为 466nm）。

单线态氧产率数据

MOC-16　0.28（水溶液，联吡啶钌水溶液为参比）。

HPLC 数据

1-溴代苊烯[2+2]环加成消旋产物（*anti*-HH 构型）　出峰时间为 5.1min 与 5.4min。条件：大赛璐 IC 柱（250×4.6mm），室温，流动相为正己烷：异丙醇＝99：1，1mL/min。

附录2　物理常数表

名称	符号	数值	单位
阿伏伽德罗常数	N_A	6.0221×10^{23}	mol^{-1}
波尔半径	α_0	5.2918×10^{-11}	m
原子质量常数	m_u	1.6605×10^{-27}	kg
电子质量	m_e	9.1094×10^{-31}	kg
质子质量	m_p	1.6726×10^{-27}	kg
中子质量	m_n	1.6749×10^{-27}	kg
元电荷	e	1.6022×10^{-19}	C
法拉第常数	F	9.6485×10^{4}	$\mathrm{C \cdot mol^{-1}}$
真空磁导率	μ_0	1.2566×10^{-6}	$\mathrm{H \cdot m^{-1}}$
玻尔磁子	μ_B	9.2740×10^{-24}	$\mathrm{J \cdot T^{-1}}$
核磁子	μ_N	5.0508×10^{-27}	$\mathrm{J \cdot T^{-1}}$
玻尔兹曼常数	k_B	1.3807×10^{-23}	$\mathrm{m^2 \cdot kg \cdot s^{-2} \cdot K^{-1}}$
光速	c	2.9979×10^{8}	$\mathrm{m \cdot s^{-1}}$
普朗克常数	h	6.6261×10^{-34}	$\mathrm{J \cdot s}$
第一辐射常数	C_1	3.7427×10^{8}	$\mathrm{W \cdot \mu m^4 \cdot m^{-2}}$
第二辐射常数	C_2	1.4388×10^{4}	$\mathrm{\mu m \cdot K}$